当心触电

必须佩戴护耳器

刺激性

冰面危险

小心碰头

禁止游泳

公共救生设施

禁止明火

当心激光

禁止携犬进入

当心有毒

禁止喂食

注意安全

当心爆炸

当心自动启动

禁止饮用

禁止通行

紧急出口向右

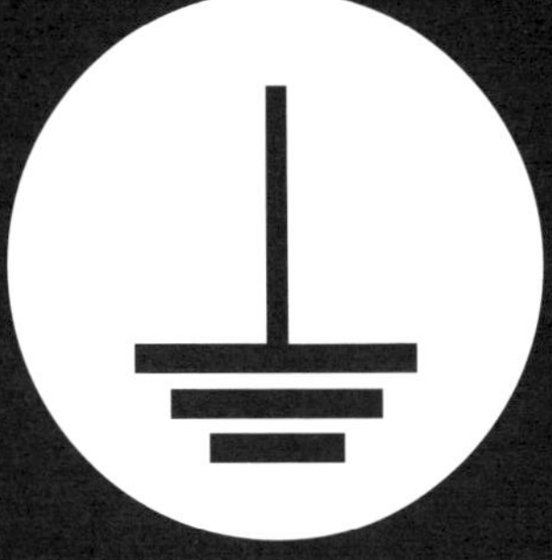

必须接地

火灾发生时禁止使用电梯

当心辐射

禁止入内

当心低温

必须戴安全帽

噪声有害

当心磁场

易燃物

必须戴防护手套

灭火器

当心高温表面

砰！勇敢者的冒险书

[德]安克·M. 莱茨根 [德]格西尼·格罗特里安 著 庄园 译

云南出版集团 晨光出版社

前言

这本书里有什么？

有 56 个“砰”，都是你在日常生活中会遇到的真正的危险：例如火、水、电、锋利的工具或是大狗。除此之外，还有刺激的勇气挑战：让蜘蛛爬过你的手、长时间的潜水或在露天环境下睡觉。

为什么危险和勇气挑战很重要？

只有让孩子经历过具有一定危险性的锻炼，他们才会更懂得保证自己的安全；只有面对真实的困难，孩子们才能学到真正的解决办法，掌握实用的技能。正因为如此，本书的目的不是让孩子暴露于不必要的危险之中，而是有意识地构建一个安全空间，让孩子们在这个空间里一步步学会保证自己的安全，使孩子们具备危机防范意识和日常生活经验。

为什么需要父母协助？

所有父母都希望保护自己的孩子远离危险。没有人比父母更了解自己的孩子，知道哪些事可以放手让孩子去做，哪些事还需要帮一把。因此，最好的保护就是有意识地与孩子们一起应对可控的危险。

此外还有一些美好的作用：父母与孩子一起经历的冒险越多，就越能了解彼此，相互之间的联系就越强。

……而且，勇敢的冒险者绝不畏缩，因此书中也会有关于急救的小提示和小技巧！

为什么冒险使人聪明？

那些喜欢户外，喜欢尝试新事物，敢于冒险的人，更容易培养出卓越的思维能力。如果由于缺乏运动和实践的空间而导致早期搭建的思维基础不牢，那么在未来就更难有所建树。我们不难发现儿童和青少年总会自然而然地寻找新的挑战。他们总会冒出各种新主意，比如走路的时候想要倒着走、横着走甚至爬上墙，因为那样更刺激。

这本书有什么用？

书中的每个任务，每次冒险都是一次“砰”。当你制造危险或者进行勇气挑战时，内心仿佛会发出“砰”的一声。实际上我们天天都能用耳朵听到这样那样的爆炸发出“砰”的一声，而有时候当你初次成功做好某件事的时候，你的脑子里也会发出“砰”的一声。与大多数书籍不同，你不必从头开始阅读本书，你可以从你最感兴趣的“砰”开始。如果想更深入地了解这个主题，还可以在每一页的“相关链接”中获得更多信息。

如何使用贴纸？

每个人对危险和勇气挑战的体验不同。一个人觉得超级尴尬，极度危险、困难或者恶心的事，对另一个人而言也许就像耸耸肩一样轻而易举。这并不总是与年龄有关，有些“砰”对于孩子比对父母更简单，或者相反。因此需要共同或互相学习。为了更有意义，每个“砰”可以由最多五个冒险者对它进行评价。每页的最下方都有相应的位置，本书还会附赠贴纸和相关说明。

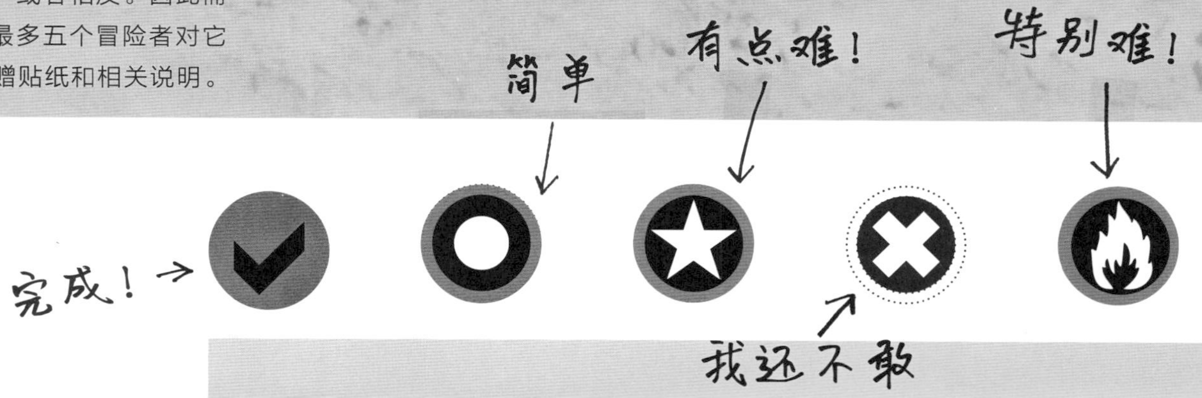

目录

真正的危险

真正的危险

我们无法做万全准备：

世界就是一场冒险，

我们每天都身处其中。

所以最安全的选择，

就是在面对火、水、爆炸、电、工具，以及其他事物时谨慎小心。还等什么，赶快转动脑筋，开始勇敢者的冒险吧！

火

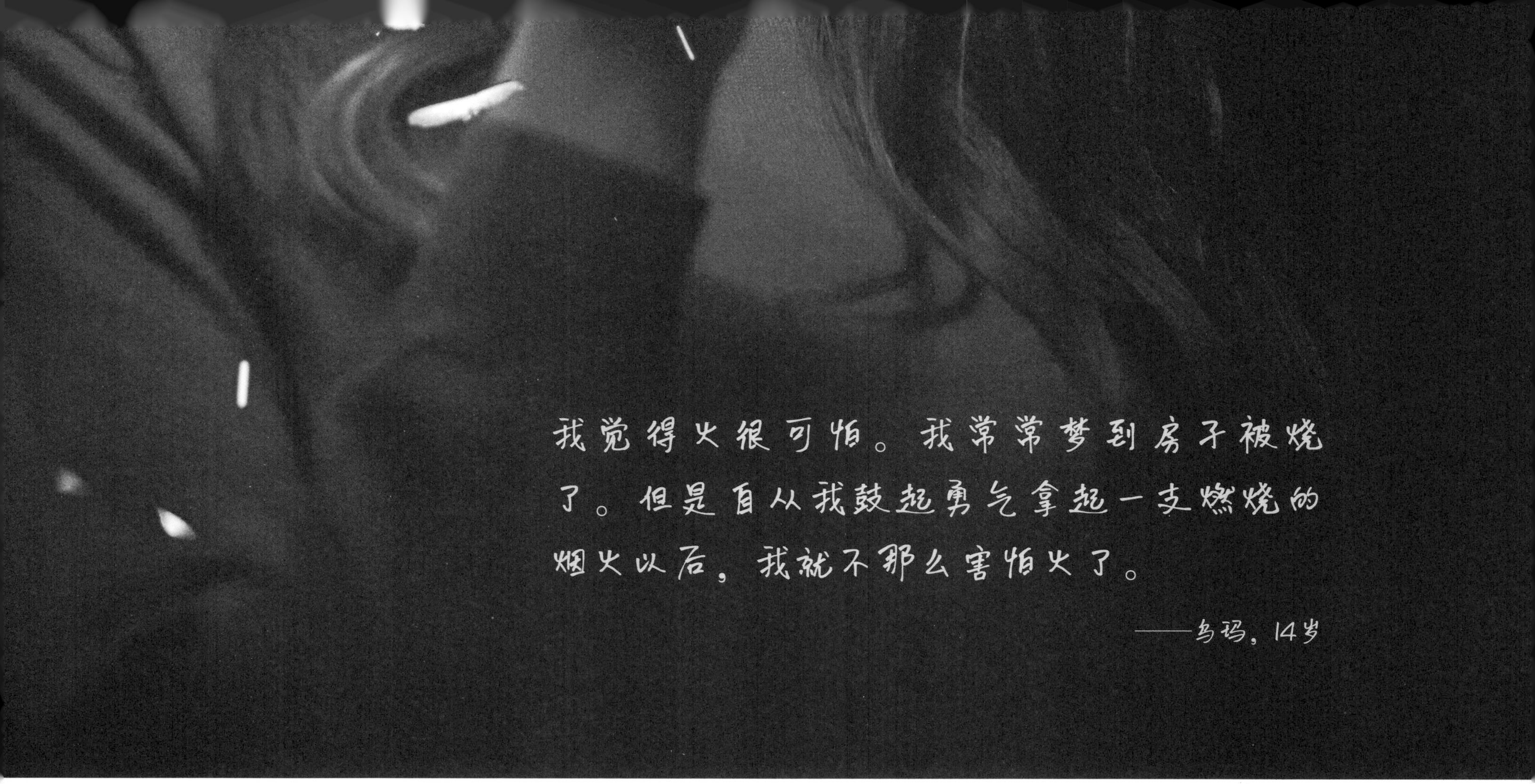

我觉得火很可怕。我常常梦到房子被烧了。但是自从我鼓起勇气拿起一支燃烧的烟火以后，我就不那么害怕火了。

——乌玛，14岁

火

任务：怎样点燃一根火柴？

材料：一些火柴

相关链接：12-13，14-15，16-17，18-19，36-37，46-47，86-87

为什么危险？

你可能会烧伤手指，更糟糕的是，你可能会不小心引发大火。然而，我们常常没有及时教给孩子正确处理火源的方法。在德国，儿童和青少年平均每天引起的火灾超过 20 场，这些孩子中一多半还不到 14 岁。

怎样做？

在家长的陪伴下用食指、拇指和中指捏住一根火柴，从中部拿稳。用另一只手拿着火柴盒，使摩擦面露在外面。用火柴头抵住摩擦面，用力向外划。点着了吗？多试几次，直到成功为止。一旦手指感觉到烫，就立即把火焰吹灭。还有一个小提示：最好是在水槽边上练习。这样可以随时把点燃的火柴扔进水槽里，防止发生意外。如果丢掉的火柴没有自动熄灭，就用水浇灭它。

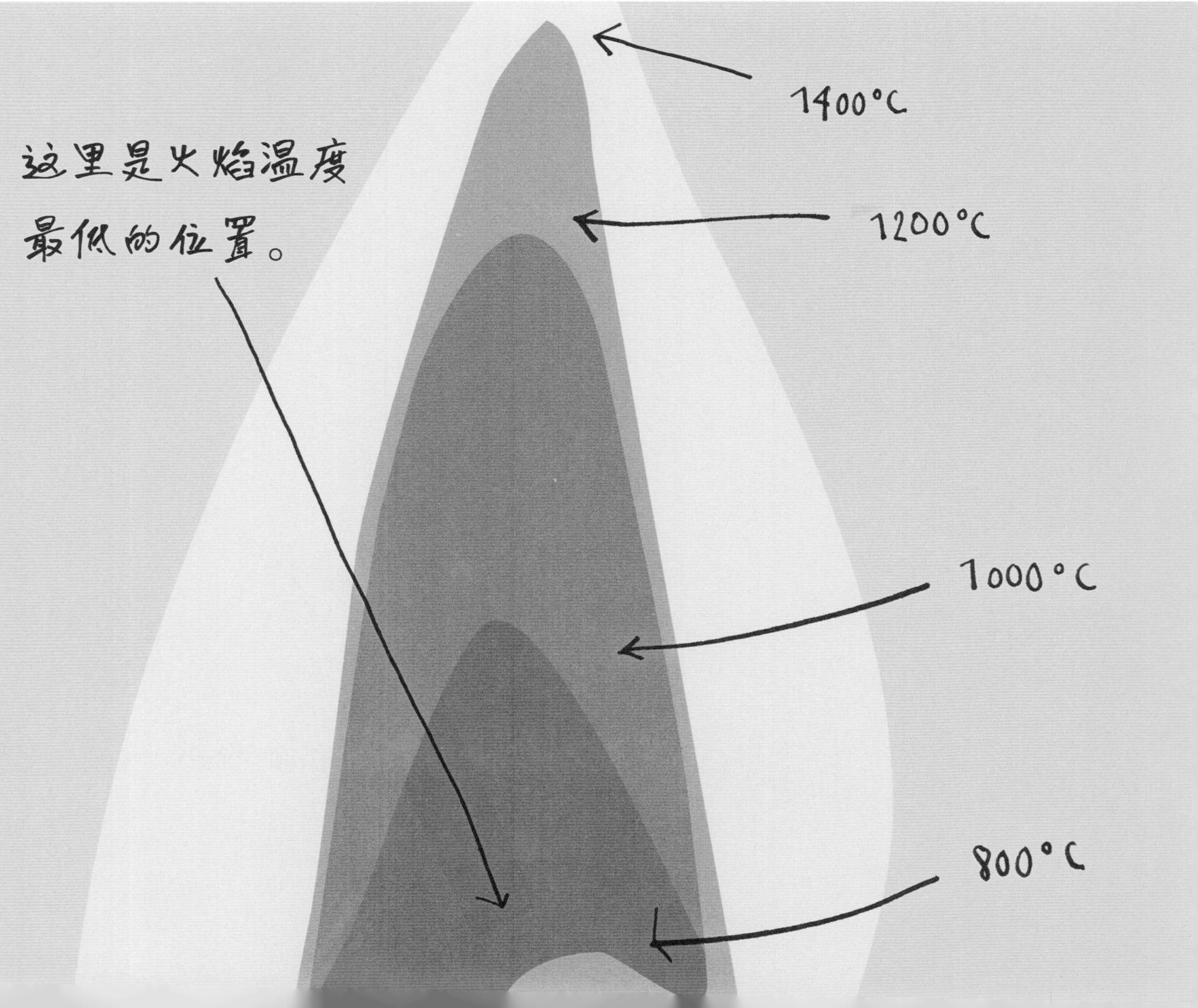
这里是火焰温度最低的位置。
1400°C
1200°C
1000°C
800°C

还有什么有趣的?

你有没有想过森林火灾是如何发生的?有没有想过为什么有些地区的森林，比如澳大利亚，会反复着火?除了因为那里气候特别炎热，还跟树木的种类有关。桉树叶含油量丰富，它们非常易燃。你也可以做个实验，找一片新鲜的橘子皮和一支燃烧的蜡烛，用力挤压果皮，让果皮中的汁溅到蜡烛上。你会发现，一朵朵小小的迷你烟花出现了。因为果皮中的汁里也含有丰富的油，点燃后就会发生小小的爆炸。

冒险指数评级:

火

任务: 怎样才能触摸火焰又不会烫到自己?

材料: 蜡烛，火柴或打火机

相关链接: 10-11，54-55，62-63，64-65，86-87，122-123，124-125，130-131

为什么危险?

如果手的动作太慢或位置不对，你可能会被烧伤。

怎样做?

在家长的陪伴下，将蜡烛放在桌子上并点燃。注意火焰不能太小。然后把食指放进嘴里稍微沾湿。现在将食指从一侧快速地穿过燃烧的火焰中心，你完全不会感受到烫。第二次慢一点移动手指，你会感觉到微弱的热度。你也可以用干燥的手指进行第三次尝试，但要像第一次一样动作迅速。

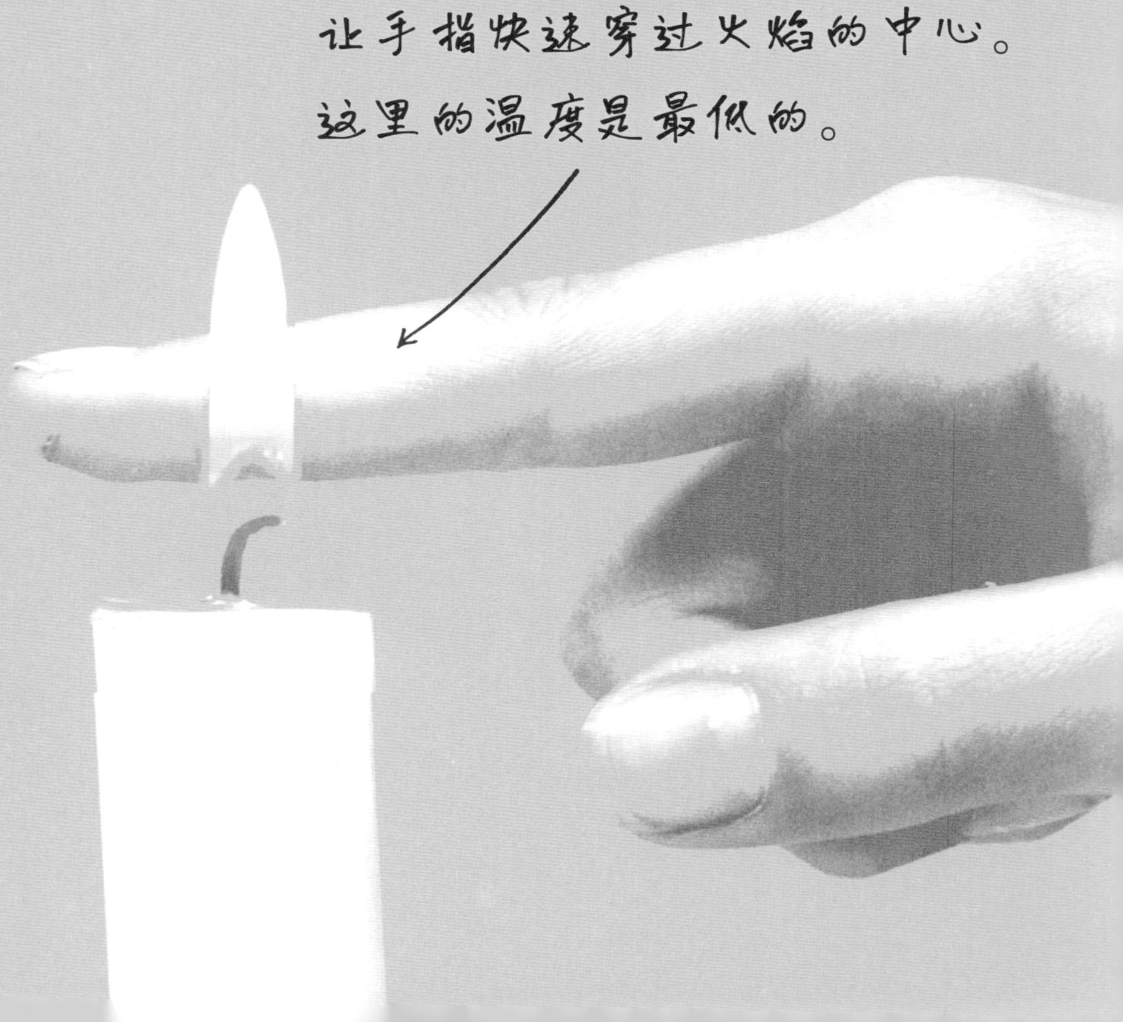

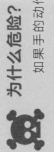

让手指快速穿过火焰的中心。
这里的温度是最低的。

原理是什么？

仔细观察蜡烛的火焰，你会看到不同的颜色。这是因为最外层的火焰可以获取充足的氧气，而最里层的火焰得到的氧气则较少，它们燃烧的充分程度不同，所以温度也不一样。根据火焰的颜色我们可以区分不同的温度：由于直接接触氧气，外焰边缘温度可以达到1400℃，而黯淡的焰心并没有充分燃烧，这部分温度约为800℃，蜡被气化。焰心之外是温度高于1000℃的明亮锥体，最上方发光的则是火焰的尖端。造成发光的是燃烧过程中释放的碳，最亮的这部分温度大约是1200℃。

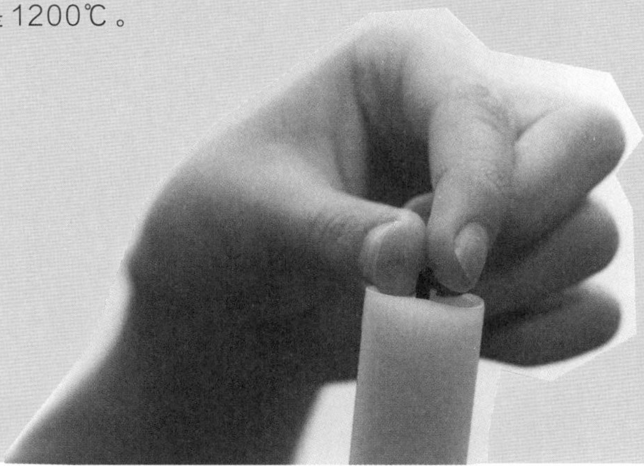

← 如果灯芯熄灭之后还在冒烟，你可以用口水沾湿手指，捏灭灯芯。

冒险指数评级：

火

仅限室外！

任务：怎样制作火把？

材料：一块棉布（10 厘米×20 厘米），棍子（约 50 厘米长，直径 4 厘米），铁丝，空罐头瓶，煤油，打火机，装满水的水桶

相关链接：10-11，16-17，18-19，86-87，104-105

用棉布条包裹棍子时，想象自己在包扎动物蹄子。这样你自然就知道该怎么做了。

为什么危险？

煤油非常易燃并且会产生大量烟雾，煤烟是有毒的！

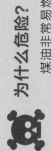

怎样做？

最重要的是得到家长的允许并做好准备工作：准备好一桶水并确认天气情况，最理想的天气是下过大雨的夜晚，绝对不能在大风天举着火把在外行走。当一切条件具备，就可以开始实验了。把准备好的棉布固定在棍子顶端，用一根长长的铁丝把棉布紧紧地绑在棍子上，这是确保一切顺利进行的第一步。然后你需要准备好火把、煤油、空罐头瓶和打火机。煤油就是你的燃料。将火把头放置在空罐头瓶上方，小心地将煤油从瓶中倒出，淋到棉布上。这样就算漏出来一些煤油，也会被罐头瓶接住。准备好了吗？用打火机点燃棉布，你的火把就会立刻开始燃烧，同时冒出大量煤烟。火把的火焰非常美，看着美丽的火焰你的心仿佛都会感到暖意。

冒险指数评级：

火 仅限室外！

任务： 怎样点燃篝火？

材料：火柴，报纸，树叶和球果，大小树枝，装满水的水桶

相关链接：10-11，18-19，70-71，72-73，86-87，122-123

当你把潮湿的草丢进火中，会产生大量烟雾。北美洲的印第安人就是利用这种方法来制造烟雾传递信息的。

为什么危险？

燃烧的碎片会从火堆中迸出，火花飞舞有可能在火堆之外引起小火。因此如果天气特别干燥，你应该在安全的环境下点燃一堆非常小的篝火。

怎样做？

最重要的就是得到家长的允许，然后准备一个装满水的大桶，放在火堆旁边。此外你要选择干燥、无风的天气。理想的点火场所应该是：地面不可燃；地上的泥土、沙子、石头最好微微潮湿；周围不能有干燥的草、苔藓和树叶。此外还要注意，附近不能有灌木丛或者树木。

点火时，把树叶和球果堆在中心，然后放一些团起来的纸，接着摆上细小的树枝，做成一个小小的印第安帐篷的样子。

选两三个部位点燃纸团，完成之后，火焰会从纸上蔓延到木头上。如果火焰又熄灭了，就再点一次试试。点着之后，你可以往火堆中吹气，以此向火焰输送氧气，使火烧得更旺，然后慢慢往火堆里添加木柴。

还有什么值得注意？

你有没有试过用放大镜生火？在炎热的夏日，这是很容易成功的。你需要把放大镜用特定的方式放置，让透过镜片的光线聚集到一个点上，大量的太阳能便会聚集到这个点上。在这个光点下的纸张会迅速升温，当温度达到纸的燃点，纸张便会立刻被点燃。

等到小树枝都燃尽，才能添进大树枝。

冒险指数评级：

火 仅限室外！

任务： 怎样熄灭篝火？

材料： 水，土或沙，木棍

相关链接： 10-11，16-17，24-25，86-87

为什么危险？

这可能会导致烧伤。而且，有时候火只是看起来熄灭了，但其实还有许多隐藏的余火，很可能会复燃。

怎样做？

燃烧需要三种要素： 可燃物、温度达到燃点以及氧气。只要去掉其中任意一种，火就会熄灭。

1. 去除可燃物： 让火自行燃尽。停止添加木柴，用一根棍子把火中的木头和灰烬拨开，这样它们就能同时燃烧，并很快燃尽。最后只剩下灰，没有余火火就不会复燃了。

即使你确定火已经熄灭，还是要再倒一次水，确保万无一失！

2. 降低温度：持续向篝火倒水，直到嗞嗞声停止。这个过程中可能会产生许多烟雾，先让火烧一会儿，再继续倒水。用一根棍子翻搅，确保所有的木头都被水浸湿。必要的时候再浇一些水。

离开火堆之前，小心地检查一下火熄灭后剩下的木头、木炭和灰烬是否已经冷却。如果火堆里有石头，小心地把它们拿起来摸一摸。石头也冷了？太好了！在周围检查一下，看看有没有火堆迸出去的火星或者余火，用水浇湿这些飞出的小碎屑，直到冷却。

3. 隔绝氧气：如果周边没有水，可以用土或沙灭火，只不过需要花更多时间。先用厚厚的一层泥土或者沙子覆盖火堆，然后用一根长棍子探入火堆，如果没有看到余火，用手小心地感受一下，看火堆是否已经冷却。如果还没有，再往火堆里添加一些土或沙重复刚才的灭火步骤。

冒险指数评级：

任务: 怎样倒掉滚烫的面汤?

材料: 面，带盖的锅，水，盐，炉灶，隔热手套，木勺，滤网

相关链接: 22-23，48-49，86-87

为什么危险?

倒掉滚烫的面汤并非那么容易。必须小心谨慎，否则就会被开水烫伤。

怎样做?

用稍大一点的锅煮面，以免面条粘在一起。接一锅水，但不要太满，因为还要下面条进去，否则水烧开后容易溢出。在家长的陪伴下，把锅放在与锅底大小相当的灶上，开大火。盖上锅盖，等水中产生气泡后，戴上隔热手套将锅盖取下，放在一边。现在可以摘下手套，往水里加入一些盐，再放入面条。用长柄木勺搅拌一下，确保面条全部被水没过。

重要提示：不仅要小心滚烫的锅和水，水蒸气也同样危险！

时不时用勺子搅拌一下面条，以防粘结和夹生。面条包装上会写明烹煮时间，时间一到，立即关火。把滤网放在水槽中，戴上隔热手套，用两手将锅端起，把面条连同热水一起倒进滤网。注意脸不要离锅太近，因为此时的水蒸气非常烫。把面条都倒出来之后，稍微抖一抖滤网，把余下的水滤干。

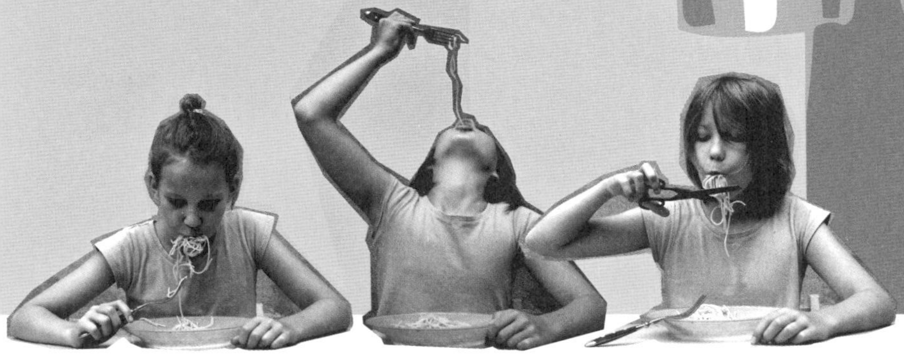

托汶，12岁　　贝蒂尔，11岁　　波拉，11岁

冒险指数评级：

火

任务: 怎样让水滴在热锅里跳舞?

材料: 汤锅，水，炉灶

相关链接: 20-21，86-87

为什么危险?

热锅和热炉灶可能会造成烫伤。

怎样做?

首先把一只空汤锅放在炉灶上加热几分钟。把火开到最大！然后倒入几滴水。水滴会立刻发出嗞嗞声并迅速蒸发。继续把汤锅加热两分钟，这时候锅底的金属会因为高温而变色。再往锅底滴几滴水。咦！这几滴水竟然没有被迅速蒸干，而是在锅里四处跳跃。

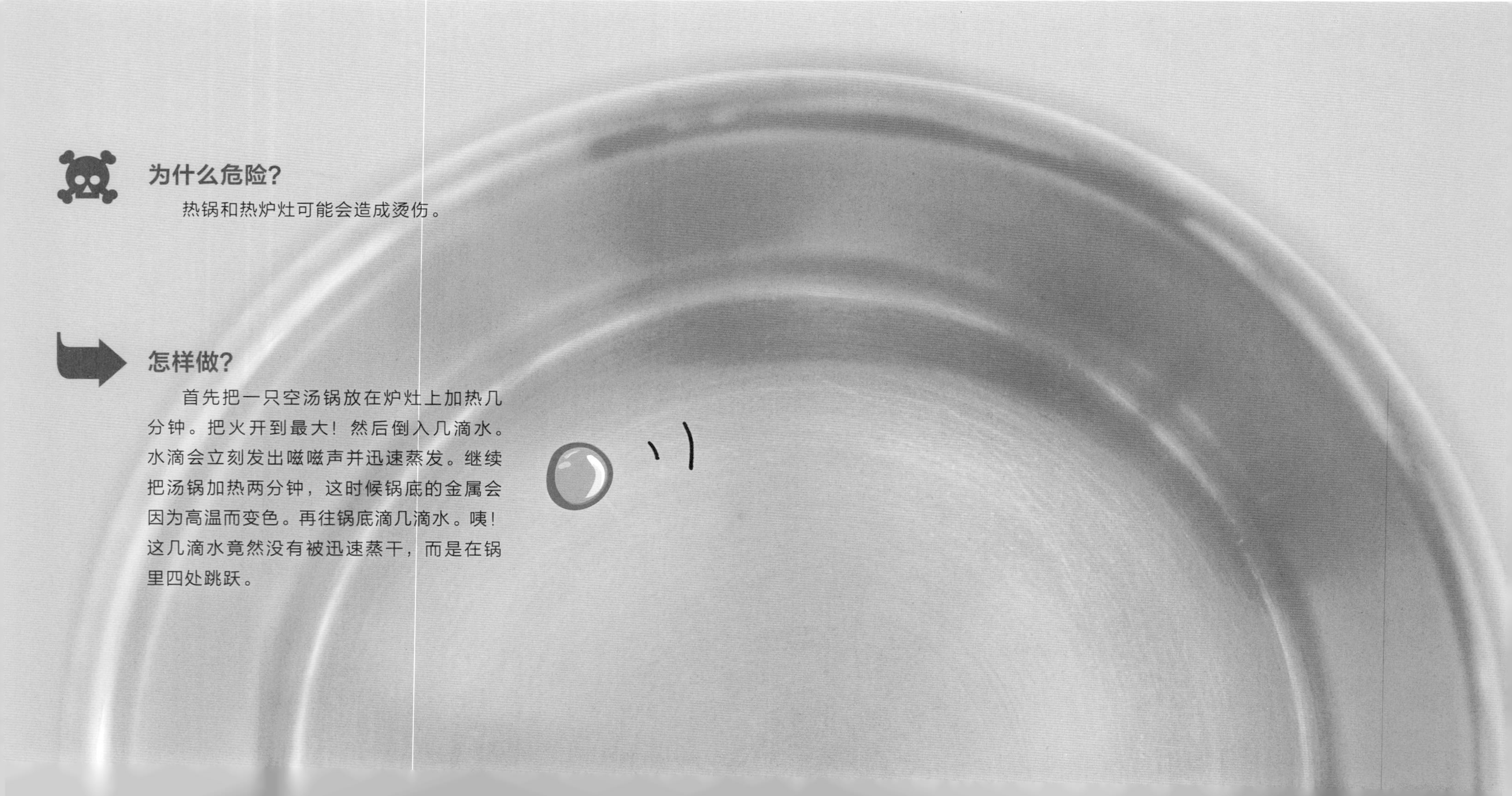

原理是什么?

当水滴落在温度低于200℃的金属表面，水会与金属表面接触，并迅速蒸发。但是当金属表面温度超过200℃时，就会发生一些变化：

水滴接触金属的瞬间，水滴底部会有少量水分汽化，水蒸气就像气垫一样托起水滴。水滴底部的水分不断蒸发，水蒸气层就像气垫船一样推动水滴四处跳动。这种现象被称为“莱顿弗罗斯特效应”，由科学家约翰·戈特洛布·莱顿弗罗斯特于1756年发现。

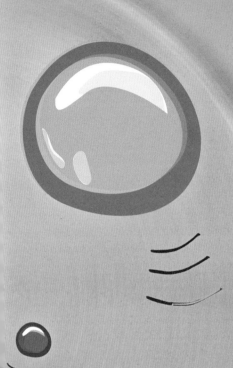

美国作家罗伯特·鲁瓦克在他的小说《黑皮肤》中也有关于莱顿弗罗斯特效应的描述：为了分辨两个人之中谁说的是真话，部落的族人强迫他们舔一把烧红的匕首。原因是说谎的人心里害怕，口干舌燥，会被匕首烫伤。而无辜的人舌头湿润，就不会有事。当然，这只是小说中的故事。切记！不能模仿哦。

冒险指数评级：

火

任务： 怎样熄灭正在燃烧的油脂？

材料： 香槟酒瓶塞子，蜡屑，大玻璃瓶，火柴或打火机，茶烛，茶碟

相关链接： 18-19，86-87

为什么危险？

油脂燃烧是最危险的厨房事故之一，火势蔓延到整间房子的情况不在少数。

你需要知道些什么？

油脂过热时会自燃。一般人的第一反应会是浇水灭火，其实大错特错！水并不能扑灭油脂着火，因为水比油重，燃烧的油脂会漂浮在水面上。此外，水会因为高温立即汽化。于是升腾的水蒸气将小油滴带到空中，使得高温状态下的油滴与空气中的氧气接触，立刻开始燃烧。大量油滴同时开始燃烧，几秒内就会蹿起很高的火舌。

那么，该如何正确灭火呢？方法就是隔绝氧气。汤锅或平底锅内发生油脂着火时，可以盖上锅盖隔绝空气，从而达到灭火效果，同时也要注意避免灼伤。

怎样做？

为了演练灭火，你需要用一些蜡来制造一场小小的油脂火灾。必须有家长陪伴哦。

首先取下香槟酒瓶塞上的铁箍，把铁箍掰开到适合放入茶烛的大小。把茶烛放到茶碟上，把铁箍罩在茶烛上。然后把香槟酒瓶木塞上的金属盖倒过来像小碗一样放置在铁箍架上。在金属盖里放入蜡屑，只需要放入少许，以防融化后的蜡溢出！最后找一个能罩住茶烛的玻璃罐子。

点燃茶烛，片刻后蜡屑升温融化并开始沸腾。你会看到液体微微冒出烟雾。用火柴点燃沸腾的蜡油，火焰会立刻蹿高，现在拿起罐子，罩在火焰上。

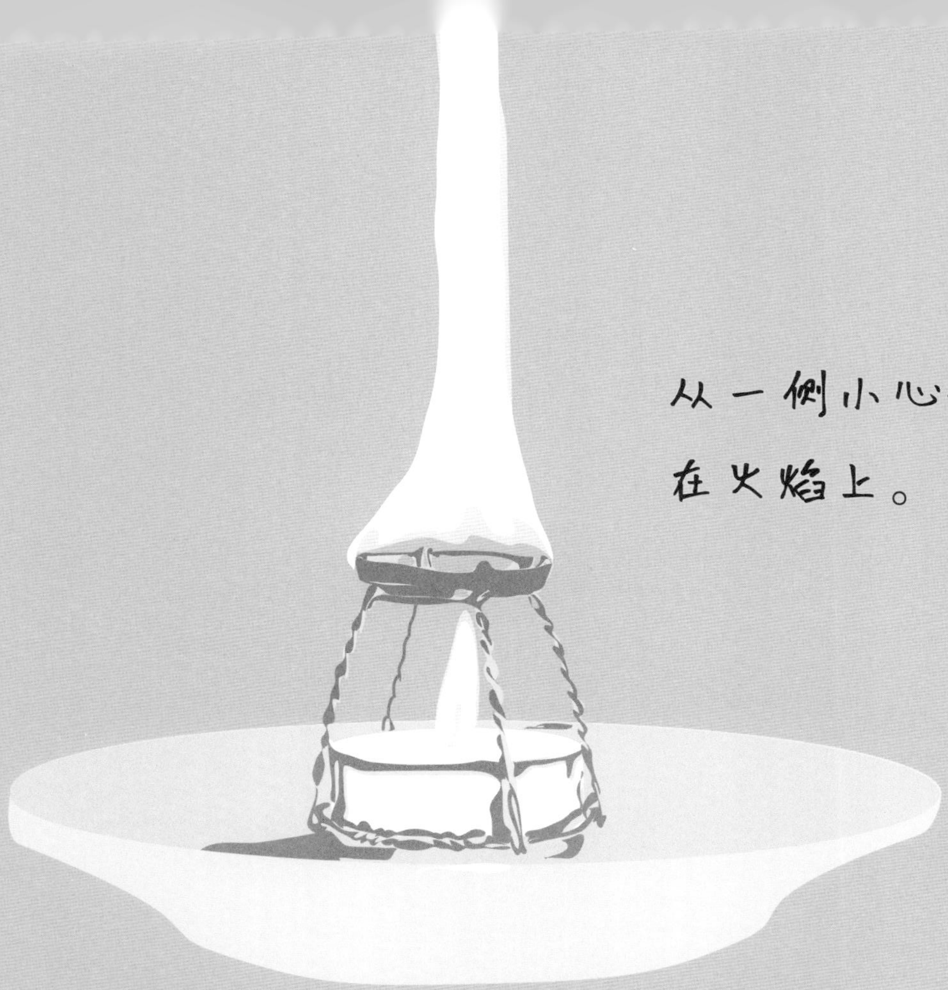

从一侧小心地把罐子罩在火焰上。

冒险指数评级：

火

仅限室外！

任务： 糖粉是怎样燃烧的？

材料： 烤盘，铝箔，沙子，液体燃料（乙醇），小碗，8 茶匙糖粉，1 茶匙小苏打，汤匙，火柴

相关链接： 44-45，46-47，60-61，86-87

为什么危险？

你需要液体燃料乙醇来完成这次冒险。乙醇极其易燃且易于挥发，要注意保存方式且远离火源。总之，千万小心！

怎样做？

在家长的陪伴下，用铝箔覆盖烤盘，将铝箔的四边折起形成四壁。在铝箔上铺上薄薄一层沙子，把液体燃料浇在中间的沙子上。

在小碗中混合糖粉和小苏打。用汤匙把混合好的粉末铺在有燃料的沙子上。注意混合粉末厚度不能超过 3 厘米，否则会影响膨胀效果。在混合粉末上再浇上一些液体燃料。点燃火柴并靠近液体燃料，混合粉末上方会立刻蹿起火焰。一开始粉末中的糖粉会变黑，之后灰烬就会慢慢开始膨胀。

你需要知道些什么？

有一种化学物质几乎在每家每户都能见到，那就是碳酸氢钠（小苏打）。比如说，自发面粉中会加入小苏打，好让点心在烘焙过程中充分发酵。在本实验中，小苏打的作用是防止糖粉烧成黑色的小碎块。小苏打受热会产生二氧化碳（这就是苏打水中有小气泡的原因），烧着的糖粉因此被吹成鼓胀的黑色形状。

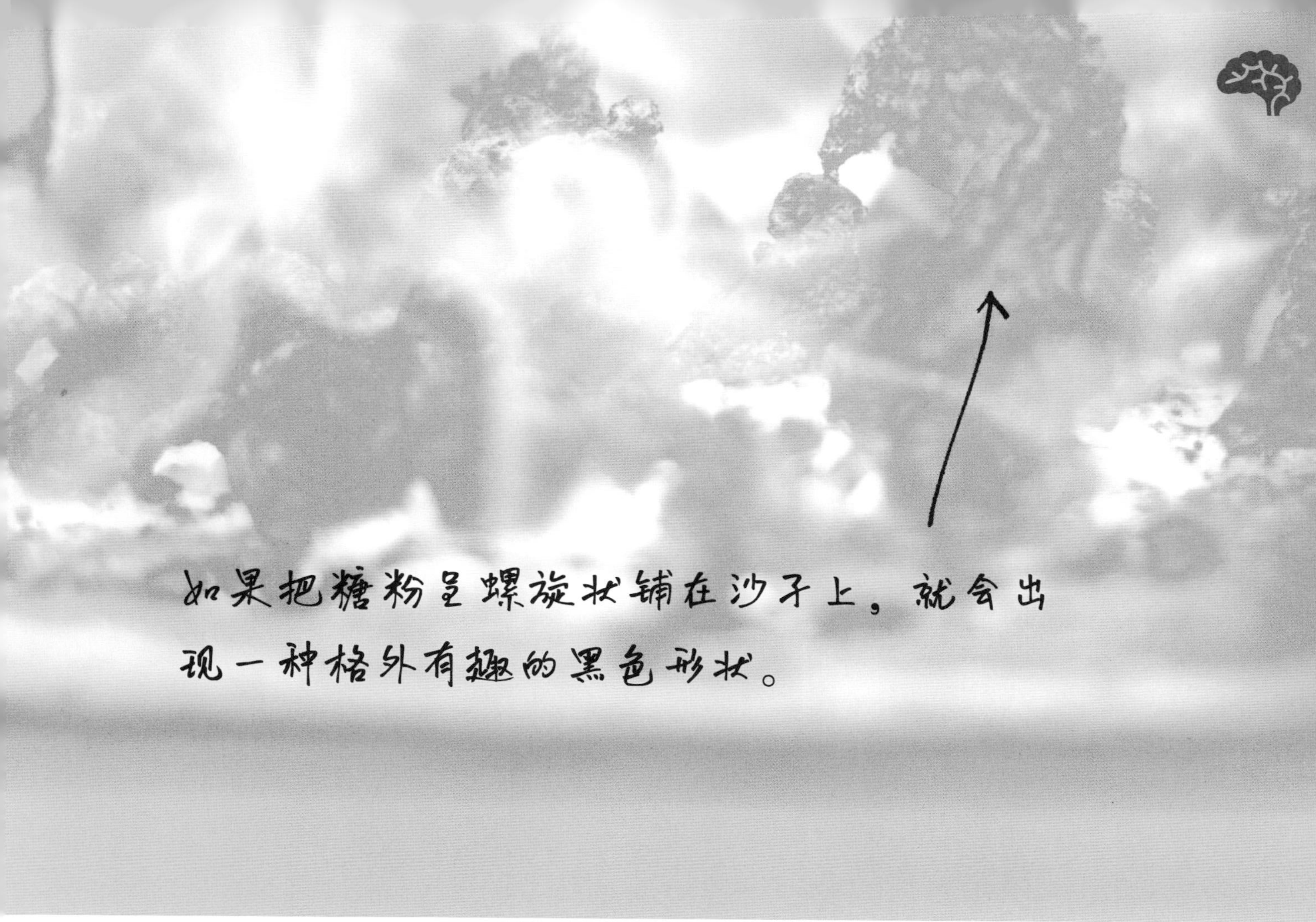

冒险指数评级：

水

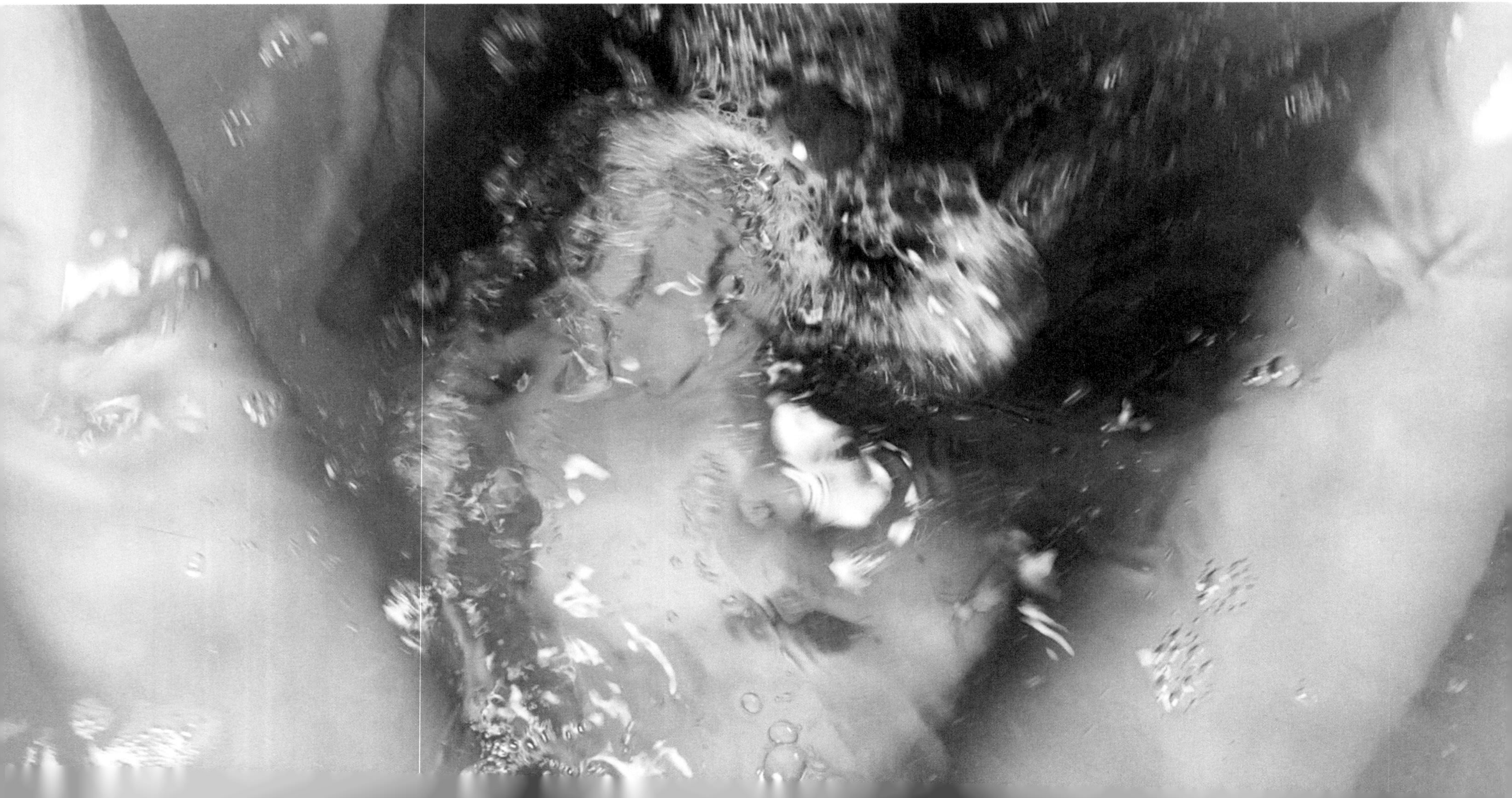

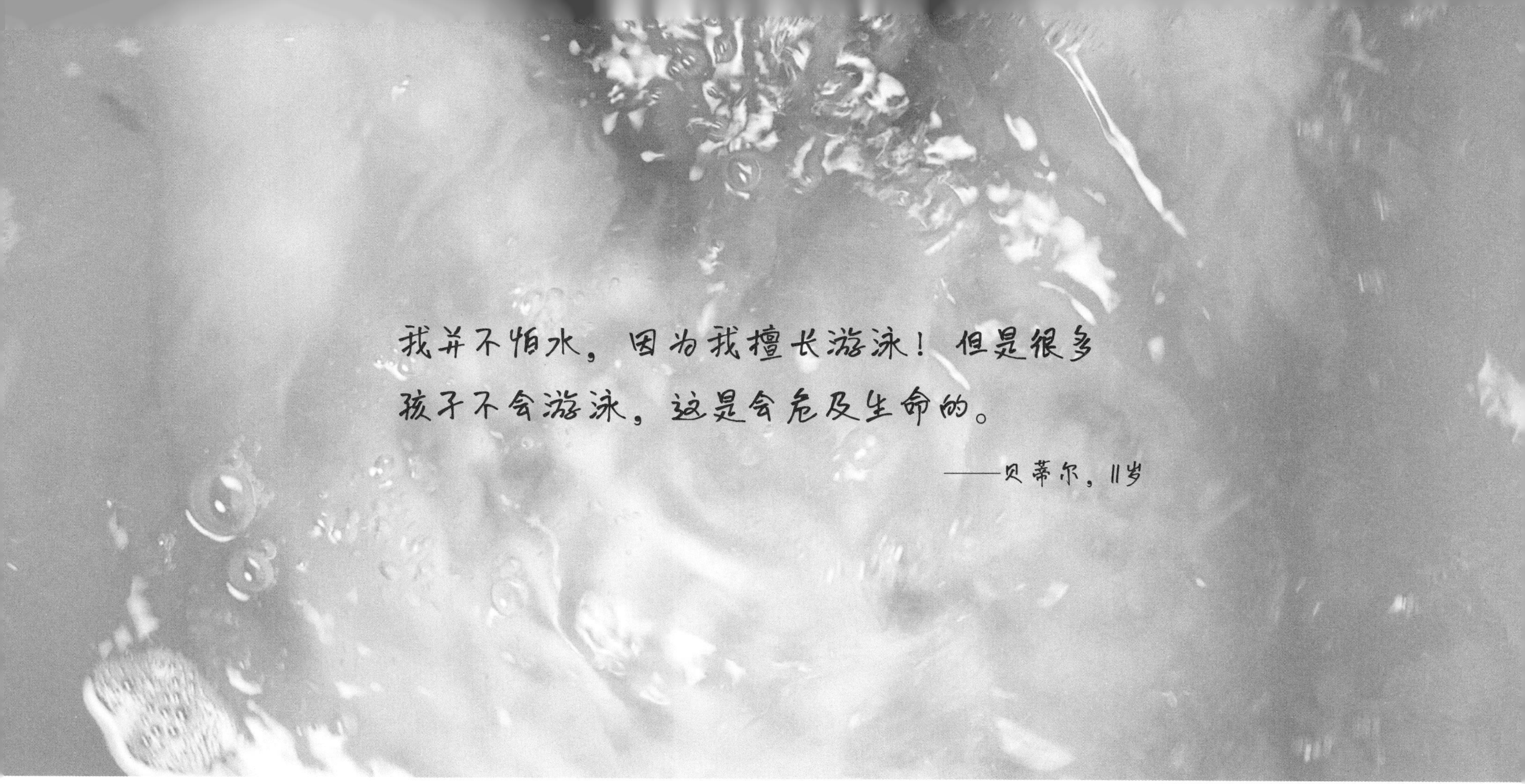

我并不怕水，因为我擅长游泳！但是很多孩子不会游泳，这是会危及生命的。

——贝蒂尔，11岁

水

任务: 怎样给水消毒?

材料: PET 塑料瓶，水

相关链接: 102-103

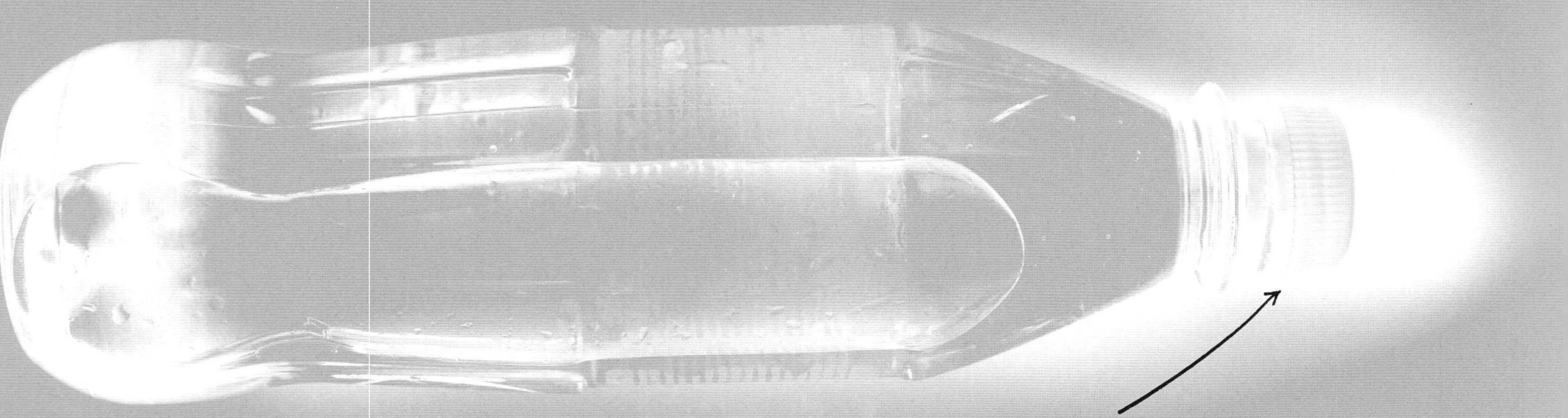

在喝水的时候，可以用薄布包住瓶口进行过滤，

比如T恤衫的布料就可以。

为什么危险？

河水、湖水或者泉水中可能含有细菌，直接饮用可能会引发疾病。

怎样做？

用 PET 瓶子装一些泉水、湖水或者河水。将瓶子水平放置在阳光下直射 6 个小时以上，遇上多云天气则要放置两天。这样可以杀灭水里的大部分细菌。

你需要知道些什么？

给淡水除菌的方法很简单。不需要把水烧开或是加入化学品进行除菌，只需要在 PET 塑料瓶里灌满水，在阳光下放置几个小时就行。这种情况下 PET 塑料瓶要比玻璃瓶好用，因为阳光中的紫外线更容易穿透 PET。而正是这些紫外线起到了杀菌的作用。

重要提示：瓶子容量不能大于 3 升，否则紫外线辐射不能达到最强。这种消毒方式叫作 SODIS，是太阳能净化饮用水（Solar Water Disinfection）的缩写。世界卫生组织（WHO）推荐这种方式为有效的家庭饮用水处理方法，多年来已经被许多发展中国家采用，以避免引发腹泻。

还需要知道些什么？

如果要对雨水消毒，则需要加入氧气，以使水的味道更好。方法是将水装到瓶子容量的四分之三，然后摇晃 20 秒。之后再将瓶子装满，盖上盖子。接着就可以用上述方式把瓶子放在阳光下照射了。

冒险指数评级：

水

任务： 怎样躺在水面上？

材料：泳衣

相关链接：34-35，40-41，132-133

尽力向上收紧屁股，你就可以像一块板子一样漂在水上了。

为什么危险？

唯一的危险是：如果没有掌握这种技巧，发生危险时我们便不能自救。

怎样做？

在家长的陪伴下，你可以在游泳池里进行练习。面朝上平躺在水面上，手臂向两边伸开。夹紧屁股，这时你也会自然而然夹紧双腿。注意要笔直地平躺在水面上并放松。本节的“砰”挑战会很惬意，就这样随波漂浮的感觉是非常美好的。

你需要知道些什么？

如果你在海里练习，会发现比在游泳池要容易。这是因为海水中盐分更高，你会更容易漂浮。

死海（位于以色列、巴勒斯坦和约旦交界处）的含盐量非常高，你也许已经看过许多游客躺在死海上读报纸的照片了吧？

还需要知道些什么？

在保证安全的情况下，你可以试着让自己向后倒下。你可能听说过这种游戏，就是站得笔直，然后向后倒下，让别人接住你。试试看吧！这也是与信任有关的游戏，你必须要相信别人能接住你。如果你可以轻松完成这个游戏，在水上应该也会更容易放松了。

长距离游泳的时候，我会时不时平躺在水面上休息一下。

——伊达，12岁

冒险指数评级：

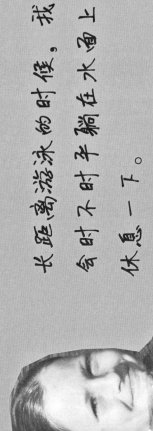

水

任务: 怎样安全地跳水?

材料: 泳衣

相关链接: 32-33，132-133

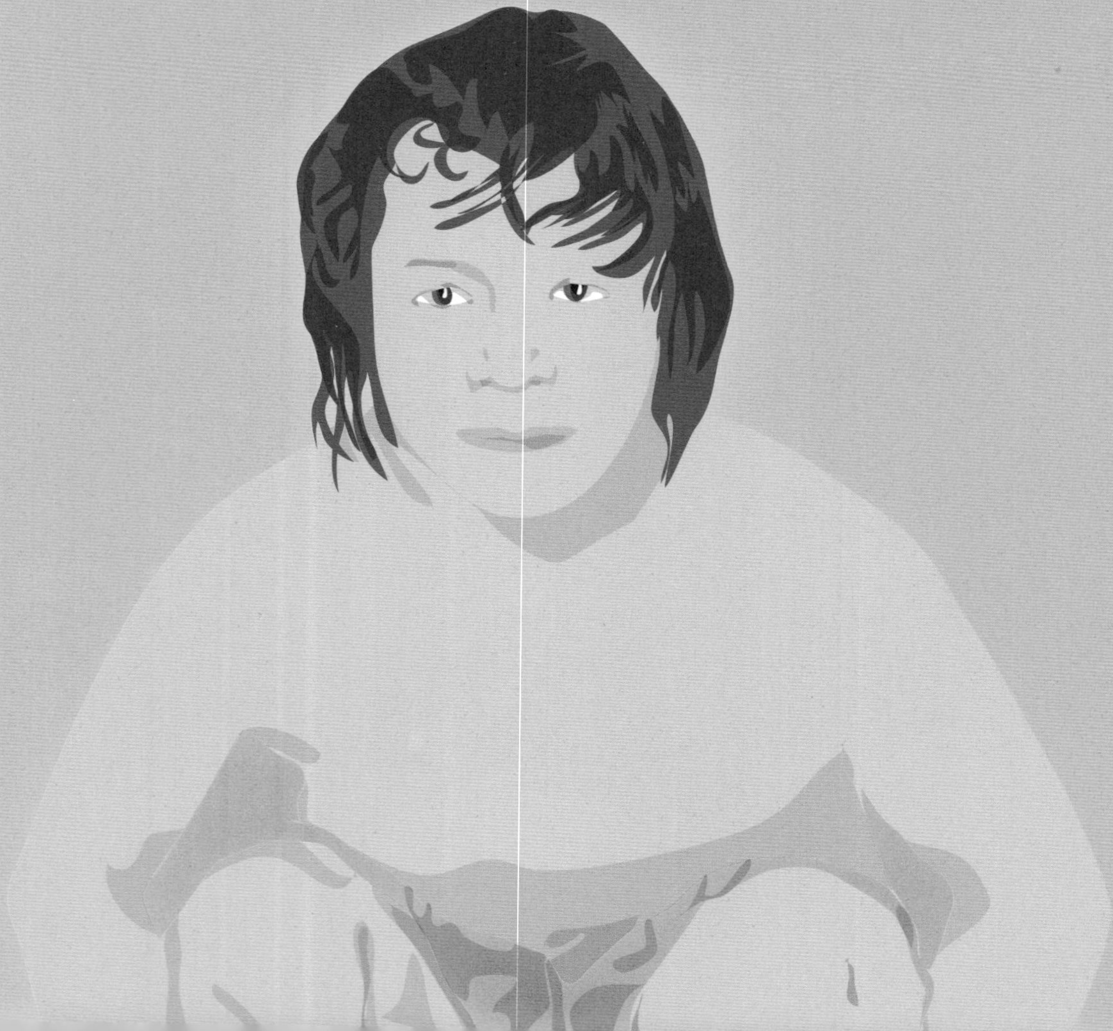

为什么危险?

如果入水姿势不对，水就会像混凝土一样坚硬。

怎样做?

第一次从 1 米板开始尝试。用力踏板边，起跳，弯起双腿，两手将腿向胸部抱紧。如果是屁股先入水，岸边的其他人因为被你溅起的水花淋湿而大喊大叫，就说明你成功了。等你感觉足够安全，就可以在家长的陪伴下尝试 3 米板了。从这个高度跳一次，你可能会觉得屁股火烧火燎的疼，不过也值了！当然也不会疼到难以忍受。你应该用力向胸部抱紧双腿，来避免过大的冲击。

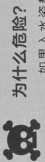

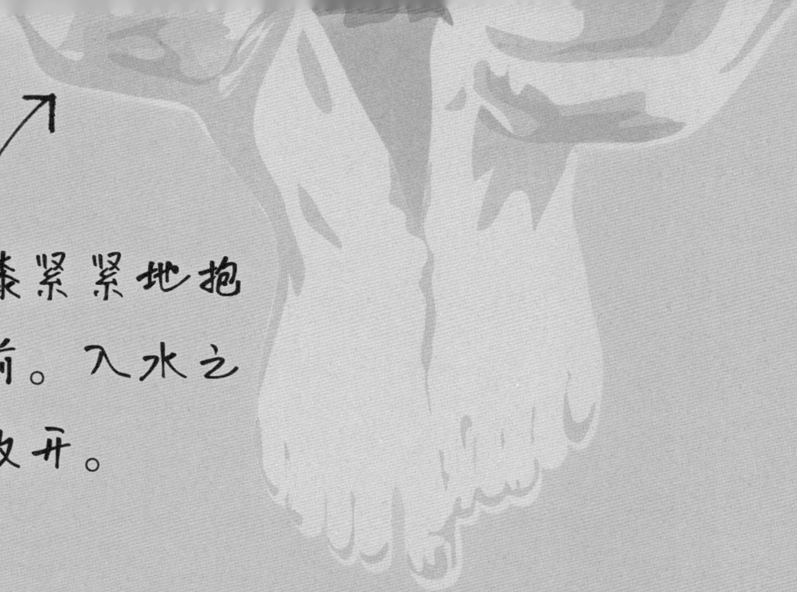

将双膝紧紧地抱在胸前。入水之后再放开。

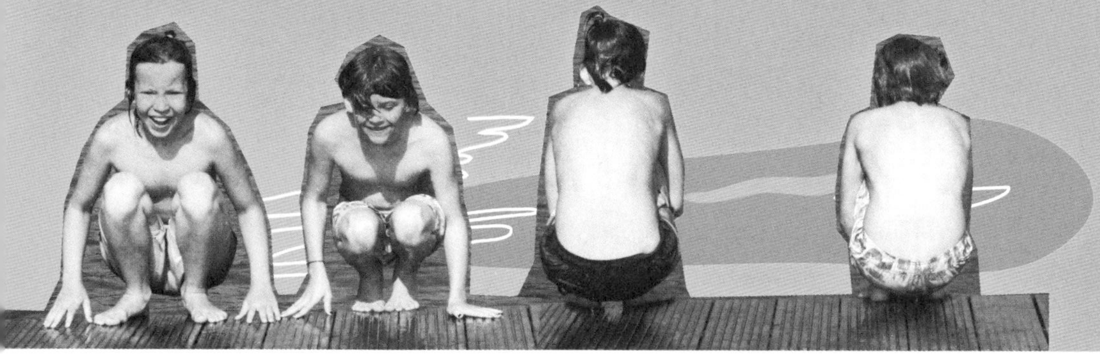

波拉，11岁　　埃拉，10岁

你需要知道些什么？

入水时激起的水花越高，“屁股蹲儿”就越完美。为了实现这一点，必须排开尽可能多的水。专业人员以这种姿势从 10 米板入水，水花可以高达 15 米。最好的方式是，起跳后一腿向下伸直，另一条腿被两手抱在胸前。哇，超级“砰”！

还有什么有趣的？

“屁股蹲儿”的正式名称叫作抱膝式跳水。德国救生协会（DLRG）推荐，在未知水域跳水时应采用这种方式将风险降至最低。相比其他跳水方式，这种方式能使你在入水后迅速减速，因此下沉深度比较浅，大大降低了受伤的风险。总之，万一遇到极端紧急情况，不得不往未知或是看不清状况的水域跳水时，经典的“屁股蹲儿”是最适宜的方式。

冒险指数评级：

水

任务： 怎样在水下生火？

材料： 5 支烟火棒（不超过 30 厘米长），透明胶带，打火机，小树枝（50 厘米），装满水的厚壁玻璃花瓶

相关链接： 10-11，18-19，46-47，48-49

为什么危险？

烟火棒最高温度可达 700℃。一旦点燃，就吹不灭了。燃烧过程中还会产生少量有毒气体——一氧化碳和氮氧化物。烟火棒燃尽之后也要小心，因为它短时间内还是会非常烫。

怎样做？

把 5 支烟火棒握在手里，让它们互相紧挨着，顶端对齐。从上到下用透明胶带把烟火棒紧紧缠成一束，再从下到上缠一遍。提醒一下，最顶端 1 厘米不要缠胶带，一会儿从这里点燃。把捆好的烟火棒用图片里的方式捆到一根树枝上（这样你可以像钓鱼一样拿着它，从而保护手指不被火星溅到，也方便观察现象）。准备好装满水的花瓶，然后就可以点燃烟火棒了。点燃之后，慢慢插入水中，烟火棒会在水下继续燃烧，同时还会发光，并使水冒泡。水会变热，甚至变烫，上方还会冒烟。太酷了！

你需要知道些什么？

烟火棒是在钢丝上裹了一层燃料做成的。如果只把一根烟火棒插入水中，水很快就会把烟火棒冷却到燃点以下，烟火棒就熄灭了。而捆成一束的烟火棒温度会非常高，花瓶里的水不足以将它冷却到燃点以下。而且，胶带也隔绝了水。燃烧过程需要的氧气则来自于燃料层中的氧化剂。

往水里加几滴洗洁精的话，在水冒泡泡的同时还会有泡沫产生。在本实验结束后，你可以点燃一根火柴靠近，泡沫甚至能短暂地冒一会儿火焰。

冒险指数评级：

水

任务: 怎样使玻璃瓶爆炸?

材料: 带盖的玻璃瓶，塑料袋，橡皮筋或密封夹，水，冰箱

相关链接: 40-41，44-45，46-47，50-51，64-65

为什么危险?

如果晚上把塑料瓶忘在寒冷的室外或车里，导致里边的液体冻结，倒不会很糟，大多数时候这只会导致瓶盖飞走。而玻璃瓶则不一样，它会碎成很多小碎片，这不仅很烦人，也很危险，因为你可能会被割伤。

怎样做?

在家长的陪伴下，将饮用水灌满玻璃瓶，拧紧瓶盖，装进塑料袋里。用橡皮筋或密封夹封好。把瓶子放进冰箱里，然后等待。等多久呢？这取决于水量多少以及冰箱内的温度，最好等到第二天。接下来会发生什么呢？砰！水结成冰，把玻璃瓶撑破了！把碎片拿出来的时候要小心，大一点儿的碎片可以小心地捏住中间，这样就不会被割伤了。细小的碎片很难发现，最好用纸巾清除，以免嵌入皮肤。

背后有什么原理？

水是由水分子构成的。在液态的水中，水分子总是在不停地运动。水越热，水分子的运动就越剧烈。在冷水中，水分子的运动则相对较为缓慢，并且逐渐互相靠近。当水冻结的时候，分子的运动会变得十分微弱，从而形成了紧密的晶体结构。这种结构比起自由运动的水分子更占空间，水的体积就会膨胀。1 升水结冰后体积变为 1.1 升。水分子膨胀产生的力足以撑破玻璃瓶。

你知道吗？在特定条件下，开水比冷水更容易结冰。至于为什么会这样，还没有人能解答。也许有一天你可以找到答案哦？

冒险指数评级：

水

任务: 怎样拯救掉下冰面的人?

材料: 暖和的衣物

相关链接: 32-33，38-39，64-65

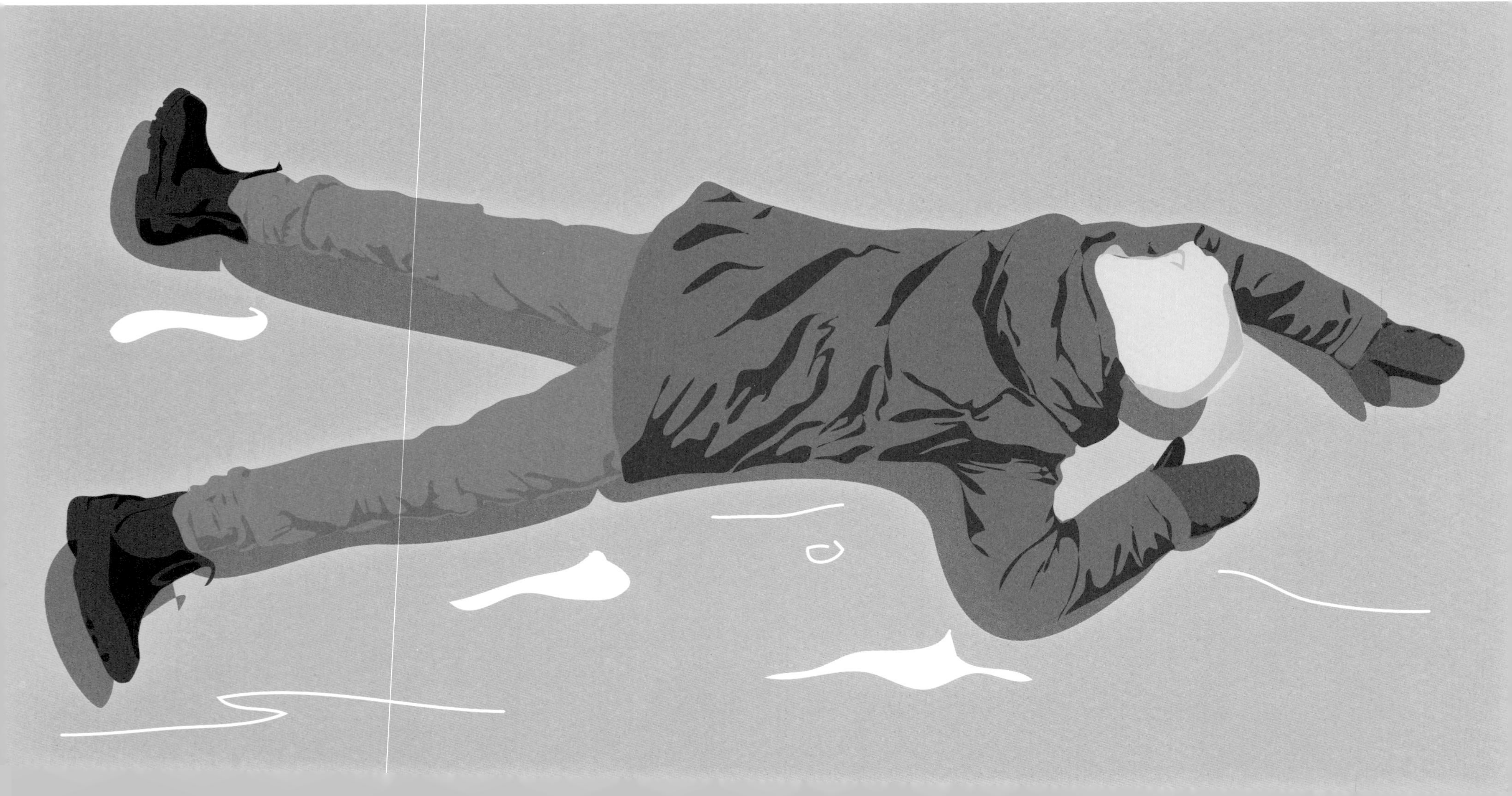

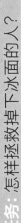

不要往冰上扔石头！否则会导致冰面出现危险的裂缝和破洞！

为什么危险？

掉进冰洞的人会面临巨大的危险，冰层下的水非常冰冷，落水者的手臂与腿很快就会冻僵，几乎动弹不得。

必须知道什么？

必须尽一切可能避免落入冰洞，注意岸边的标示牌，不要在没有向公众开放的冰面上行走。即使是允许行走的冰面，也切记不要一个人去！

怎样做？

可以两人一组在安全的冰面上训练如何救援陷入冰层的人。（重要提示：万一你真的遇上这种情况，一定要立刻拨打救援电话！）

基本要领：当感到脚下的冰面开裂时，不要继续站着，而要小心地趴在冰面上。因为当人的手臂和双腿伸开时，整个身体的重量会分散在更大的接触面上，冰面上每个点受到的压力会变小。这样就可以更容易地爬到岸上了。

还有什么值得注意的？

你也可以练习怎样救援已经掉进冰洞的人。演练方法如下：一个人趴在冰上，假装自己是落水的人，另一个人则是救援者。救援者趴在岸上，与被救援者保持大约两米的距离。救援者将自己外套的一条袖子，或者围巾作为救生索，抓住其中一头，并把另一头丢给落水者。落水者抓紧救生索，就可以被拖出冰洞了。

注意！不要把手直接伸给落水者！惊慌失措的落水者会产生巨大的力量，甚至能把你也拉进水中。

冒险指数评级：

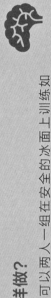

爆炸

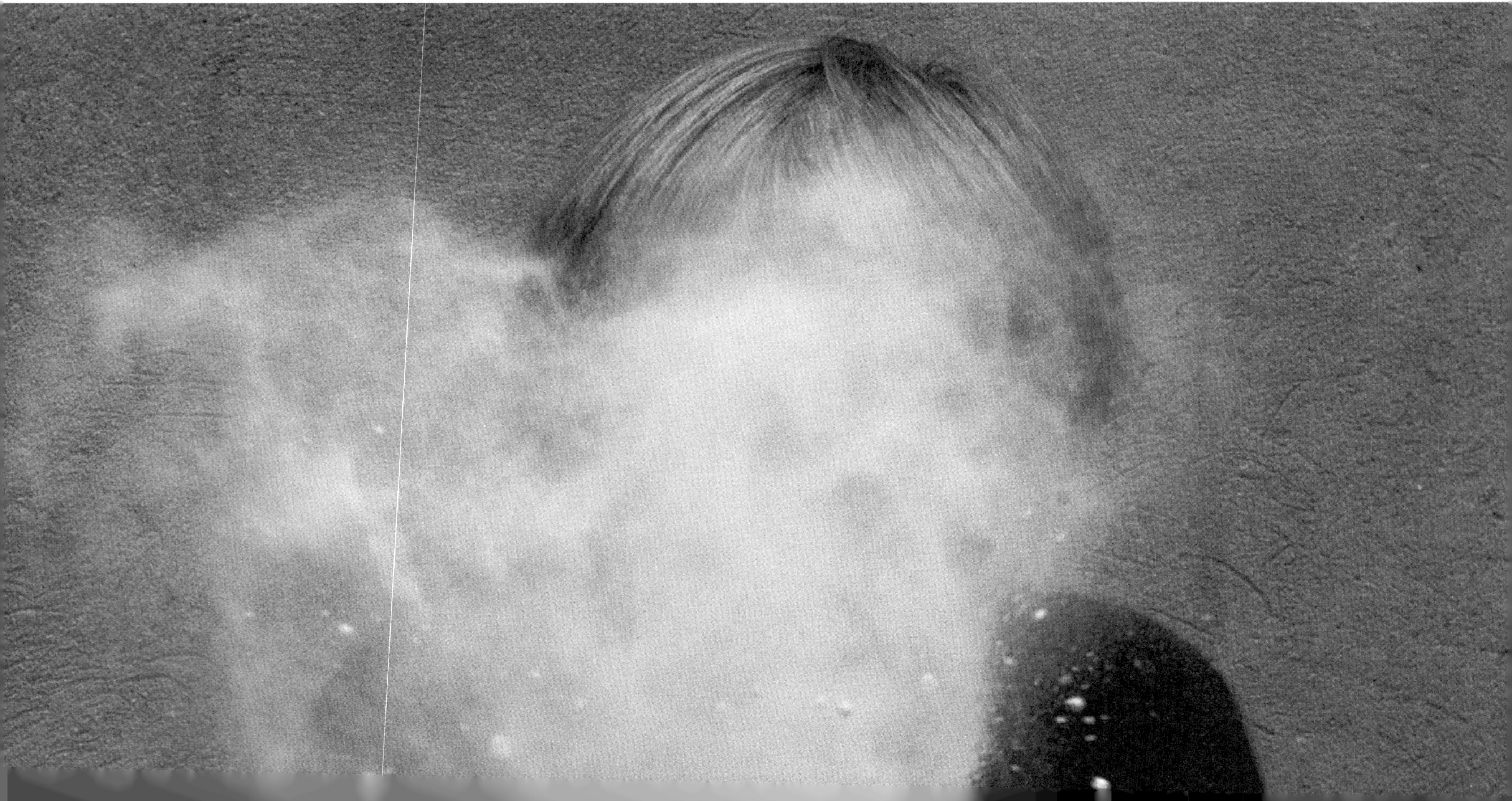

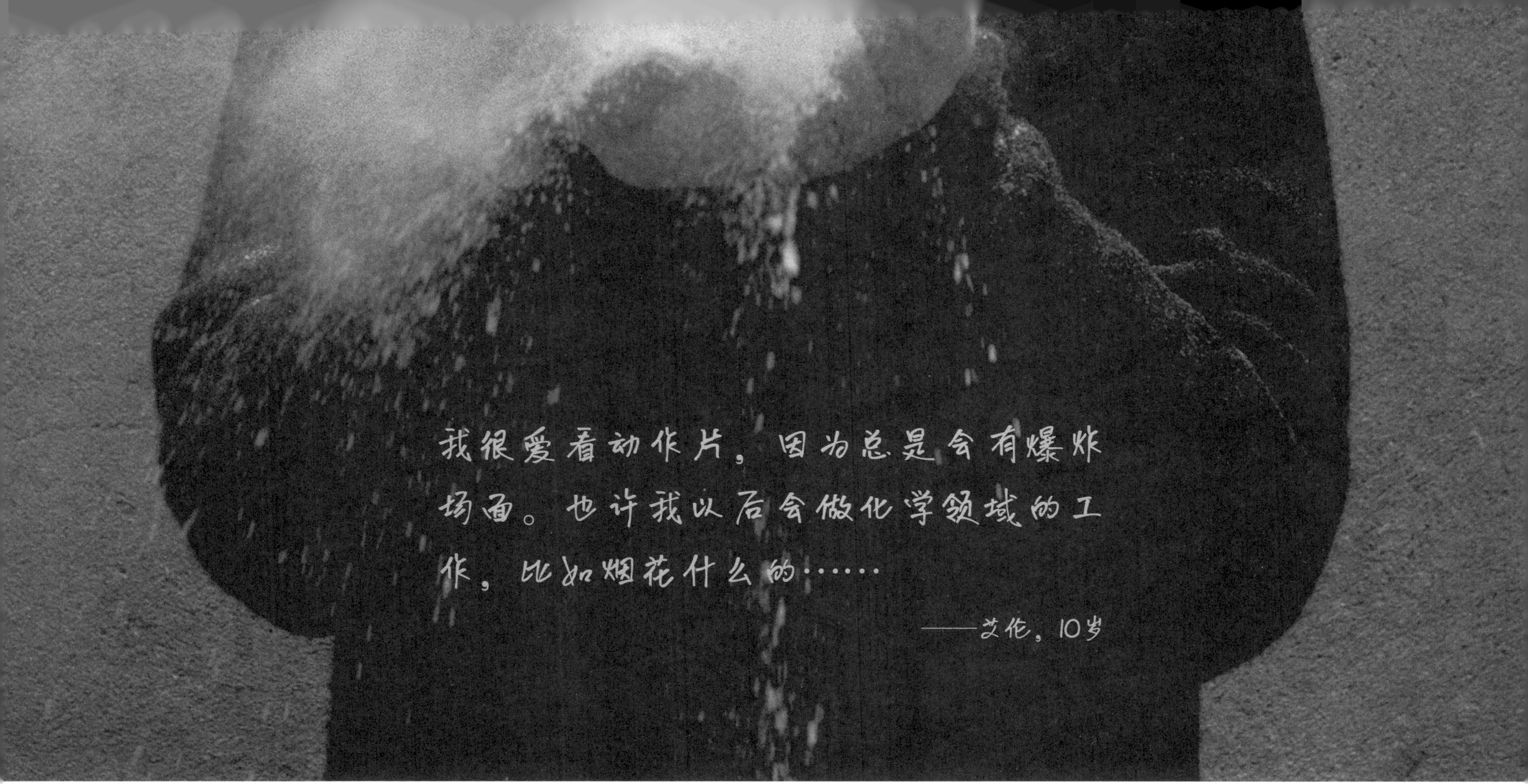
我很爱看动作片，因为总是会有爆炸场面。也许我以后会做化学领域的工作，比如烟花什么的……
——艾伦，10岁

爆炸 仅限室外！

任务：怎样用泡打粉做炸药？

材料：带盖的塑料试管，茶匙，泡打粉，醋，护目镜

相关链接：26-27，38-39，46-47，50-51，66-67

为什么危险？

如果不多加小心，实验中的喷溅物很容易“跑偏”，伤到眼睛。所以要记得，观察现象时戴好护目镜并始终保持安全距离。

怎样做？

带好所有材料，务必要去室外进行实验。最好再叫上一个帮手，两个人做比一个人做更容易成功。一个人拿着试管，另一个人先往里加入一茶匙泡打粉，然后加入两茶匙醋。小心！试管内会立刻生成碳酸，分解出大量二氧化碳气体，产生强烈的爆炸力。所以要迅速盖上试管盖子，然后立刻把试管盖子向下倒扣在地上。后退几步，等待爆炸，盖子弹开，试管向上弹射出去——砰！

还有什么好玩的?

如果用水，会怎样？会不会爆炸？试试看吧！在家长的陪伴下，向玻璃杯中加入两茶匙水，放入微波炉中以750瓦的火力加热30秒。大约7秒之后水就会开始沸腾，一直持续到30秒结束。打开微波炉门，再等几秒！等玻璃杯里的水温度降至大约90℃时，重复以上步骤。750瓦，30秒。这时，刺激的场面出现了：从微波炉门向内看，你会看到，这次水不会沸腾，而会在加热15秒时爆炸。也就是说，水会离开玻璃杯的底部，拍打在侧壁上。这种水被加热至超过100℃，却并不会沸腾（不会冒泡）的现象叫作过热。

冒险指数评级：

爆炸 仅限室外！

任务：怎样制造烟雾弹？

材料：4 个乒乓球，1 片化妆棉，1 支烟火棒（9 厘米长），2 块铝箔（小的 7 厘米 ×7 厘米，大的 15 厘米 ×15 厘米），尖刀，剪刀，打火机

相关链接：26-27，36-37，38-39，44-45，50-51，60-61，86-87

赛璐珞的燃烧效果惊人。做个测试吧，拿一个乒乓球到室外，把它放进锅里，然后用打火机点燃乒乓球！然后呢？哇哦！

为什么危险？

赛璐珞，又名硝化纤维塑料，是一种极其易燃的人工合成材料，而且燃烧过程中产生的烟雾有剧毒。乒乓球就是用赛璐珞做的。

怎样做？

用尖刀小心翼翼地在 4 个乒乓球上各扎出一个口。然后用剪刀在其中一个球上剪出一个直径 1 厘米的洞。把另外 3 个球剪成小碎片。接下来，把碎片塞进第一个球里，放到一边。把烟火棒下半段整个弯成圆环状。取较小的铝箔，牢固地缠在烟火棒上，但是要在两端各留出一块不缠。把化妆棉撕成两半。在其中一半上剪一个小洞（另一半不需要了）。把有洞的化妆棉放在乒乓球的洞上。然后把烟火棒做成的环插进乒乓球里。小心地用剪刀把化妆棉捅进球里。

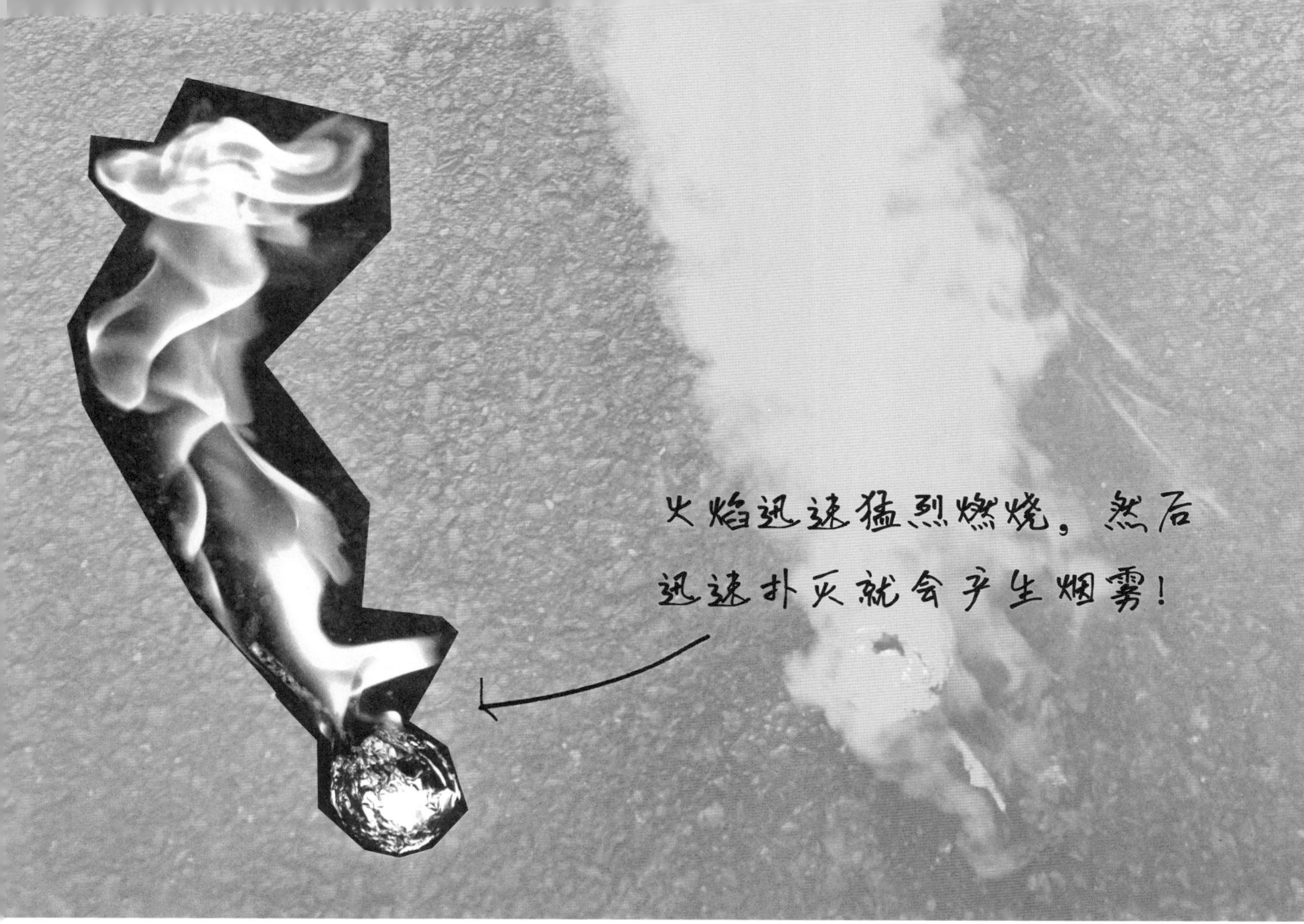
火焰迅速猛烈燃烧，然后
迅速扑灭就会产生烟雾！

现在包裹乒乓球，把乒乓球洞口朝上放在较大块铝箔的中心，把铝箔的四边折起，包裹住烟火棒。剪掉多余的铝箔。好了，现在带着烟雾弹去室外吧！

找一个适合的地方，宽敞、空旷的沥青路面最适合用来放烟雾弹了。用打火机点燃烟火棒的上端，后退一步。

等到烟火棒烧到尽头，点燃乒乓球里的填充物之后，必须迅速用力扑灭火焰，才能有最好的发烟效果。

冒险指数评级：

爆炸 仅限室外！

任务： 怎样用微波炉制造电火花？

材料： 微波炉，旧 CD，一张纸

相关链接： 36-37，54-55，56-57，78-79，82-83，86-87

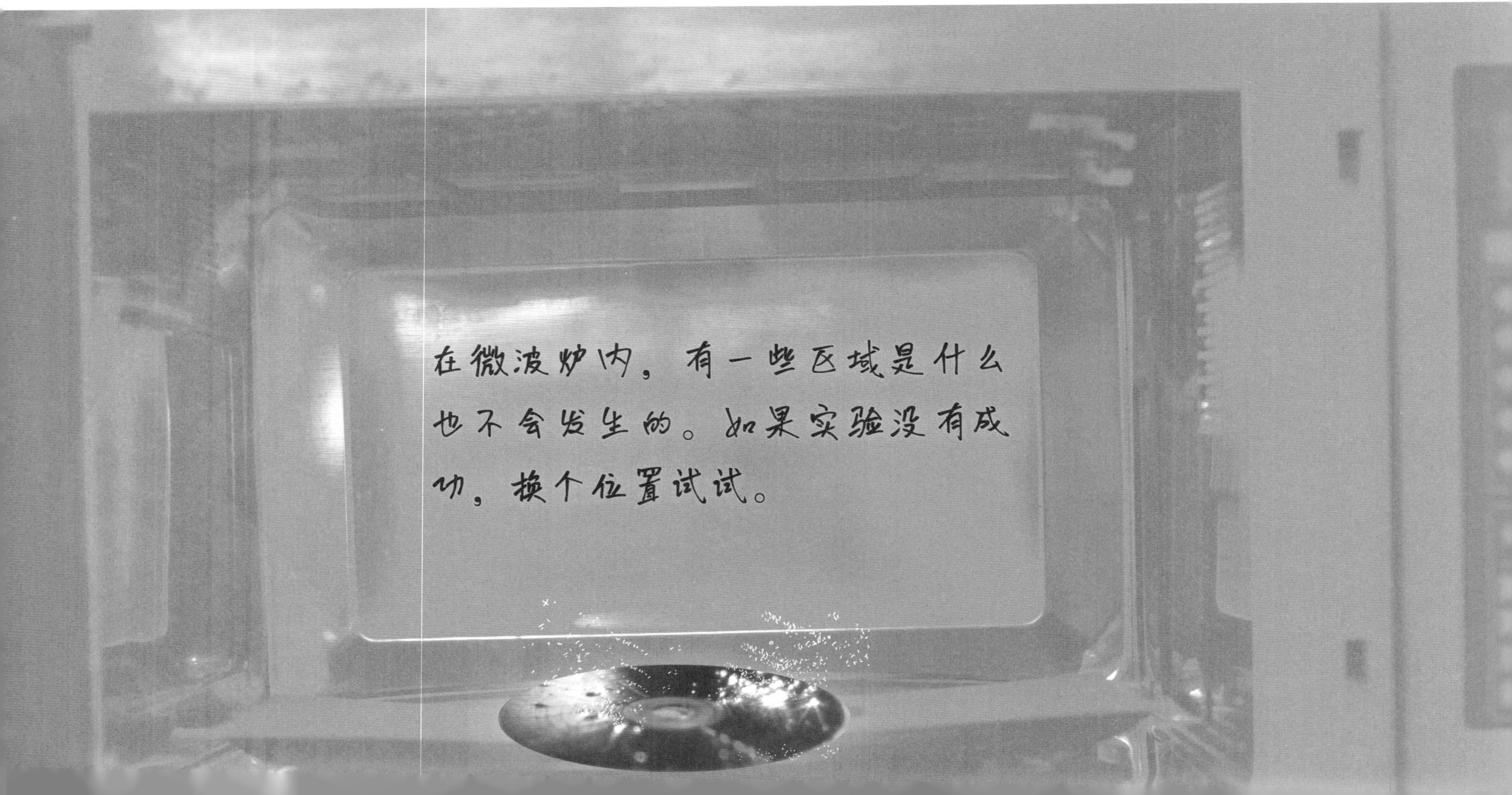

在微波炉内，有一些区域是什么也不会发生的。如果实验没有成功，换个位置试试。

为什么危险？

微波炉可不是玩具。鸡蛋会爆炸，油脂会燃烧，糖也会冒烟。此外，从微波炉里拿出来的任何东西都可能烫得要命。

怎样做？

把纸放在微波炉的转盘上。在上面放上旧CD，亮面朝上。把微波炉打到90瓦，时间设为25秒。启动微波炉，加热几秒你就会看到电火花了。

原理是什么？

光盘上的镀铝层反射了大部分微波，但还有一小部分能量被吸收。因此镀铝层部分剧烈升温并燃烧，产生光和火花，你从玻璃视窗就可以看到。CD局部燃烧形成小洞和裂缝，实验结束后你可以透过这些洞看到另一边。

注意！打开微波炉时，不要吸入逸出来的蒸汽。实验结束后要记得用湿布擦洗微波炉内部。

还有什么有趣的？

美国工程师珀西·斯宾塞偶然发现可以利用微波加热食物。他本来正在做别的东西，结果裤子口袋里的巧克力由于微波射线的作用融化了。他对于这个发现感到很是惊奇，于是继续研究微波对玉米粒的影响，结果看见玉米粒爆开了。因此，利用微波炉制作的第一种食物是爆米花。

冒险指数评级：

爆炸 仅限室外！

任务：怎样制作一个水火箭？

材料：美工刀，空笔芯，0.5 升装厚壁 PET 塑料瓶，尖厨刀，热胶枪，水，胶带，木棍，纸筒，气泵

相关链接：38-39，44-45，46-47，66-67

为什么危险？

火箭会以高速喷射飞出，但是你不能控制它的方向。不可控因素往往很危险！

怎样做？

首先制作火箭的动力部分：找一根空笔芯，确保与气泵的气门芯尺寸相符。用美工刀切下 5 厘米的笔芯。用尖厨刀小心地在塑料瓶盖上钻出一个孔，大小能刚好把笔芯插进去即可。把笔芯伸到瓶子内，在外面涂热熔胶固定，一次使用一点点，将笔芯层层包裹，在笔芯最上端留出一厘米的长度。拧下瓶盖，往瓶子里装一半水。现在还需要给火箭装一根杆子，这样就可以像放烟花火箭一样，可以控制它朝哪飞。用透明胶带把木棍固定在塑料瓶的一侧，上方探出。

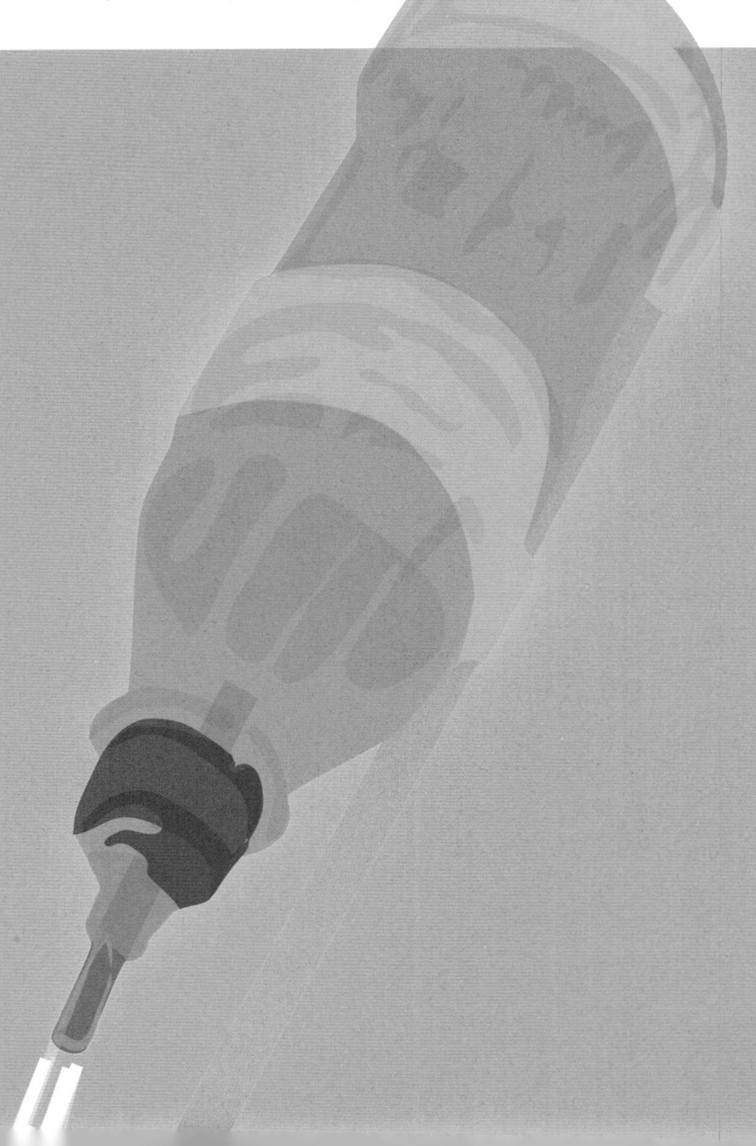

去室外，把纸筒固定在凳子腿上，作为发射管。纸筒必须比固定在火箭上的棍子短。连接气泵的气门芯和火箭上的笔芯，将火箭插入纸筒。这时瓶子是头朝下的。用力往瓶子里打气。注意不要让你的脑袋处在射程之内。

瓶内气压开始上升，当达到 500 ~ 700 千帕时，就能够将水以爆发式的力度推出瓶外。喷射而出的水会推动瓶子像火箭一样飞出去。

多涂几层热熔胶，保证笔芯被固定好！

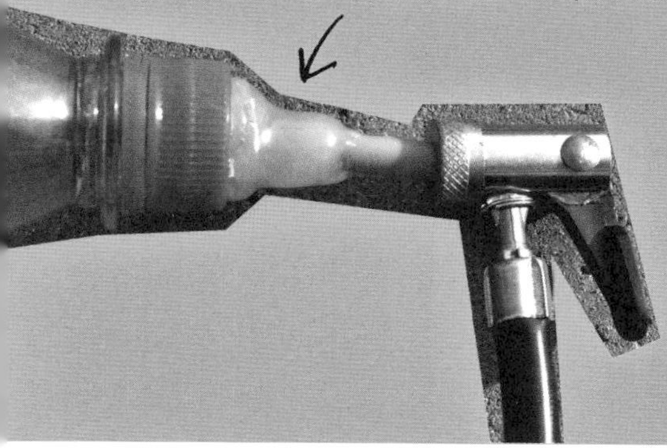

把木棍粘在瓶子上固定好。

把纸筒粘在凳子腿上。

冒险指数评级：

隐患

我觉得电有点儿可怕，因为我们看不见它，所以我想要了解更多关于电的知识。

——汉娜，9岁

隐患 仅限室外！

任务：怎样知道篱笆是不是通了电？

材料：草或者树叶

相关链接：12-13，56-57，62-63，78-79，122-123，124-125，130-131

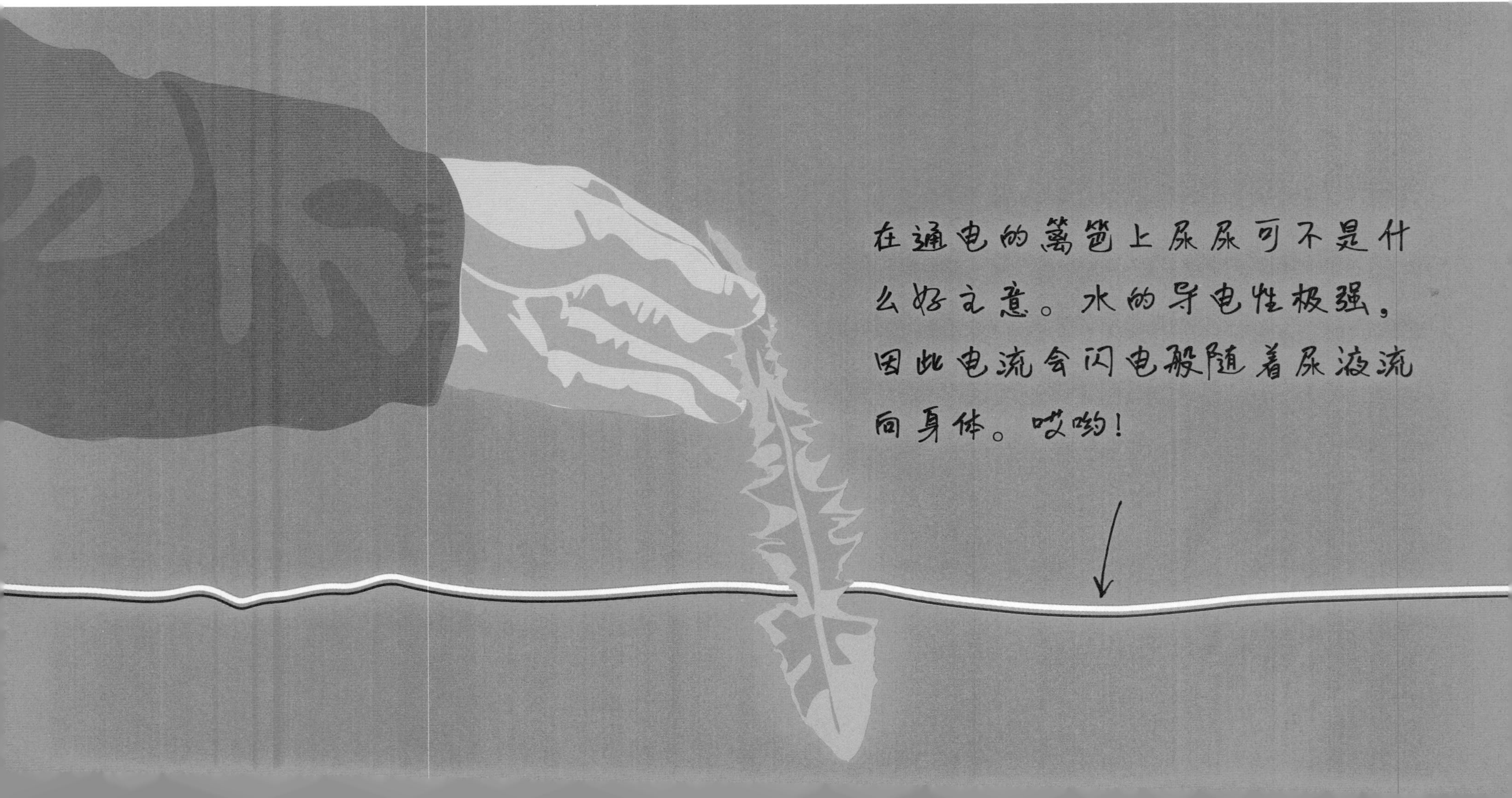
在通电的篱笆上尿尿可不是什么好主意。水的导电性极强，因此电流会闪电般随着尿液流向身体。哎哟！

为什么危险？

人或者大型动物被篱笆上的微弱电流击中时，虽然会觉得不太舒服，但并不危险。而像蜗牛或蜘蛛这样的小动物则可能被电流杀死。

我必须知道什么？

下次你再去养殖牛或马的牧场，也许就能找到电篱笆。篱笆柱附近也许会有大型电池，或者轻微的“滋啦滋啦”声，这些都是线索。一般情况下，篱笆和土地会变成一个开放电路的两级，一旦动物或人碰到篱笆，电路就会闭合，发出“砰”的一声。而当叶子碰到电线时，电压会发生转移。也就是说，电流会流向植物，不会再流向动物或人。利用这个原理，你就可以使用一点小技巧了，想知道篱笆有没有通电，就摘一片叶子试试吧！

怎样做？

摘一片新鲜叶子，比如蒲公英的叶子，用它靠近篱笆。什么也没发生？那么篱笆就没有通电。假如叶子在你的手指间噼啪作响，或者叶子卷曲起来，说明篱笆通了电，这时你就需要小心并保持距离！

我们都知道篱笆有没有通电。你也是吗？

冒险指数评级：

隐患 仅限室外！

任务: 轻微电击是什么感觉?

材料: 1.5 伏电池，两枚订书针

相关链接: 54-55，58-59，78-79，82-83

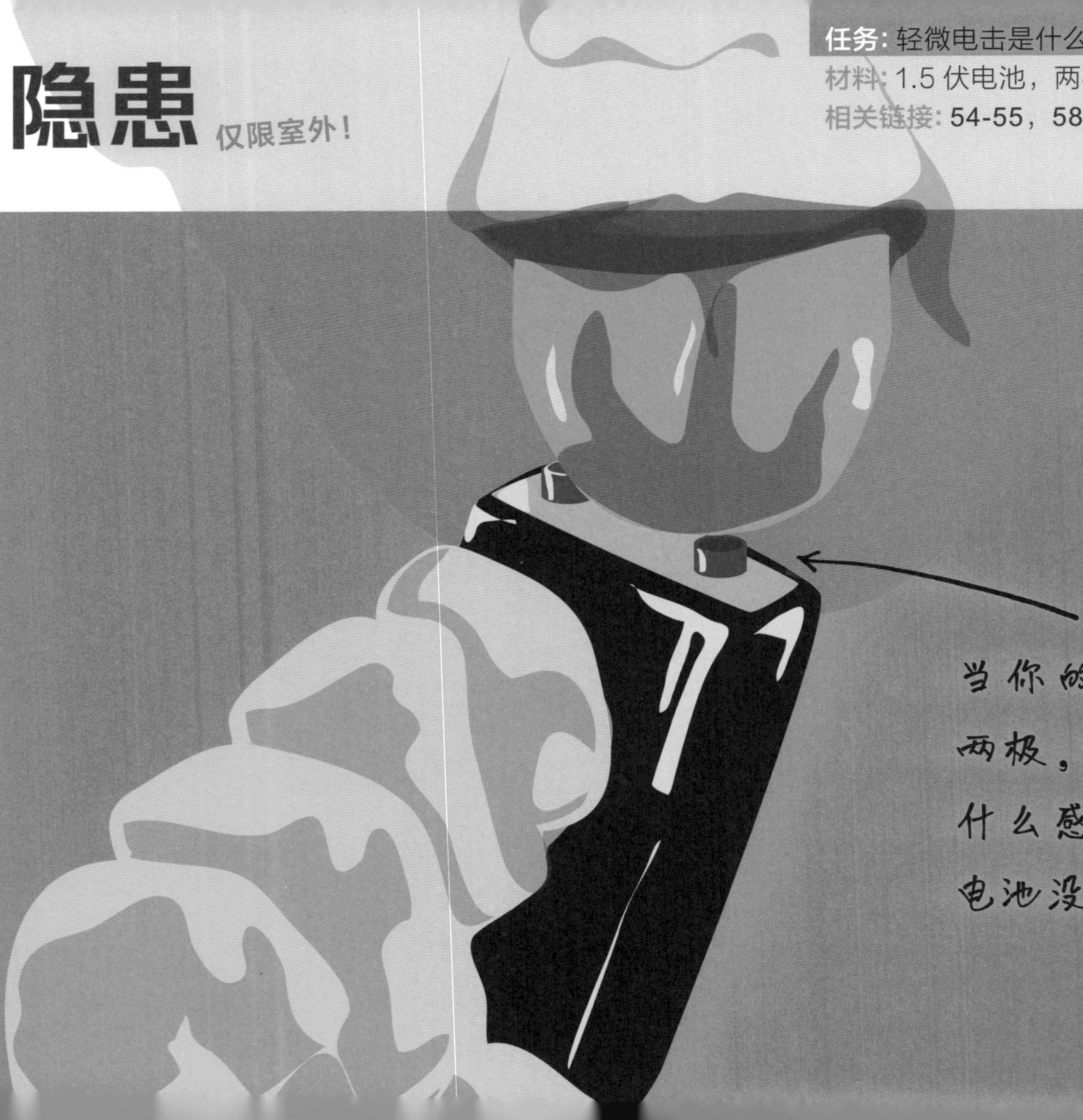

当你的舌头接触到电池的两极，就会“砰”！如果什么感觉都没有，那就是电池没电了。

为什么危险?

伏特是表示电压的基本单位，电压越高，危险越大。我们在日常生活中用到的所有电池，都不危险。但是，像家里的插座这样有 220 伏电压的电源则会危及生命，千万不要触碰。

怎样做?

舔舐电池的时候，你会立刻感觉到电压。使用块状电池是很容易实验成功的，因为它的两极挨在一起。一节 1.5 伏电池也可以这样做，但需要一点技巧。你需要把两枚订书针分开。把其中一枚的一端靠近电池的下端，另一枚的一端靠近电池的上端。在家长的监督下用舌头同时舔两枚订书针。感觉到什么了吗？一开始你可能只是尝到一点金属的味道，然后会有轻微的电击感。作为对照，你可以试着只舔一枚订书针，你会发现什么感觉都没有。

还会发生什么?

更勇敢的尝试舔电压大一些的 9 伏电池。这种电池可以同时舔到两极。小心！新电池的电击感会非常强。相反，没什么电的电池，则几乎感觉不到什么。

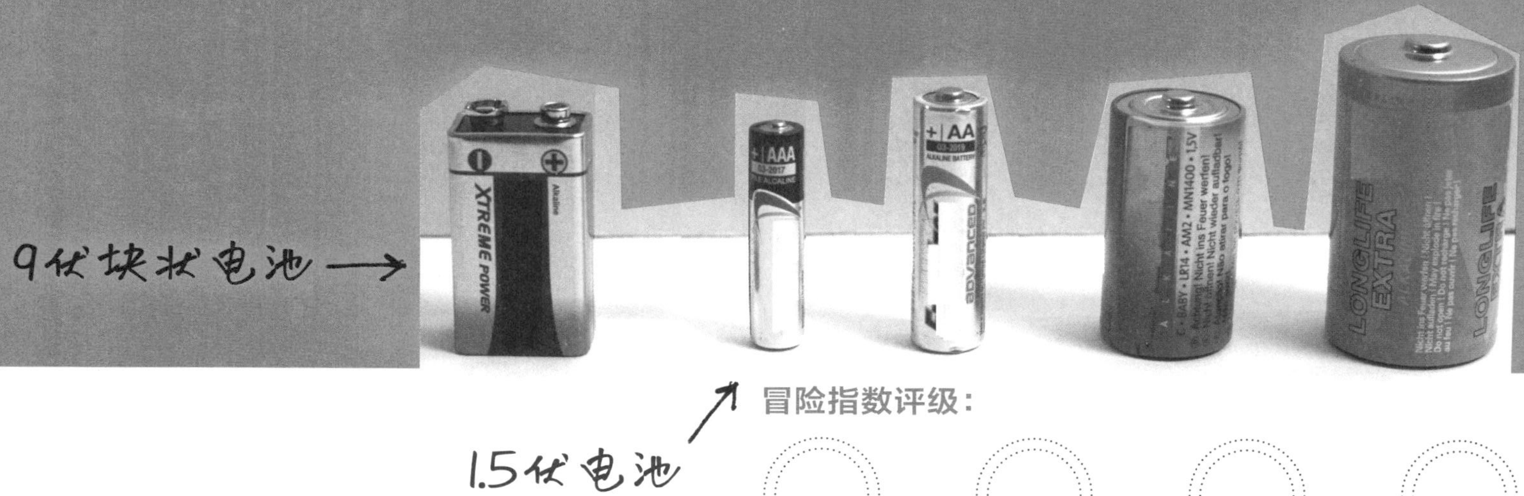

冒险指数评级：

隐患 仅限室外！

任务：怎样点燃钢丝球？

材料：烤盘，钢丝球，9伏块状电池，一桶水

相关链接：18-19，56-57，78-79，82-83，86-87

为什么危险？

你能想象，吃饭的时候汤匙突然着火的场景吗？

那当然是不可能的，因为钢铁不会着火。但是如果钢铁足够细，情况就不一样了。比如钢丝球，它甚至还会变得非常烫。

需要知道什么？

当钢铁变成非常细的钢丝，比如钢丝球那样时，就会很容易燃烧。仅仅是9伏电池产生的电流都足以使它燃烧。这是怎么回事呢？因为电池里有电子，当电池的两极接触钢丝，就会接通电路，于是大量电子迅速挤进极细的钢丝，剧烈生热。钢丝先是烧红，然后很快熔化并燃烧。

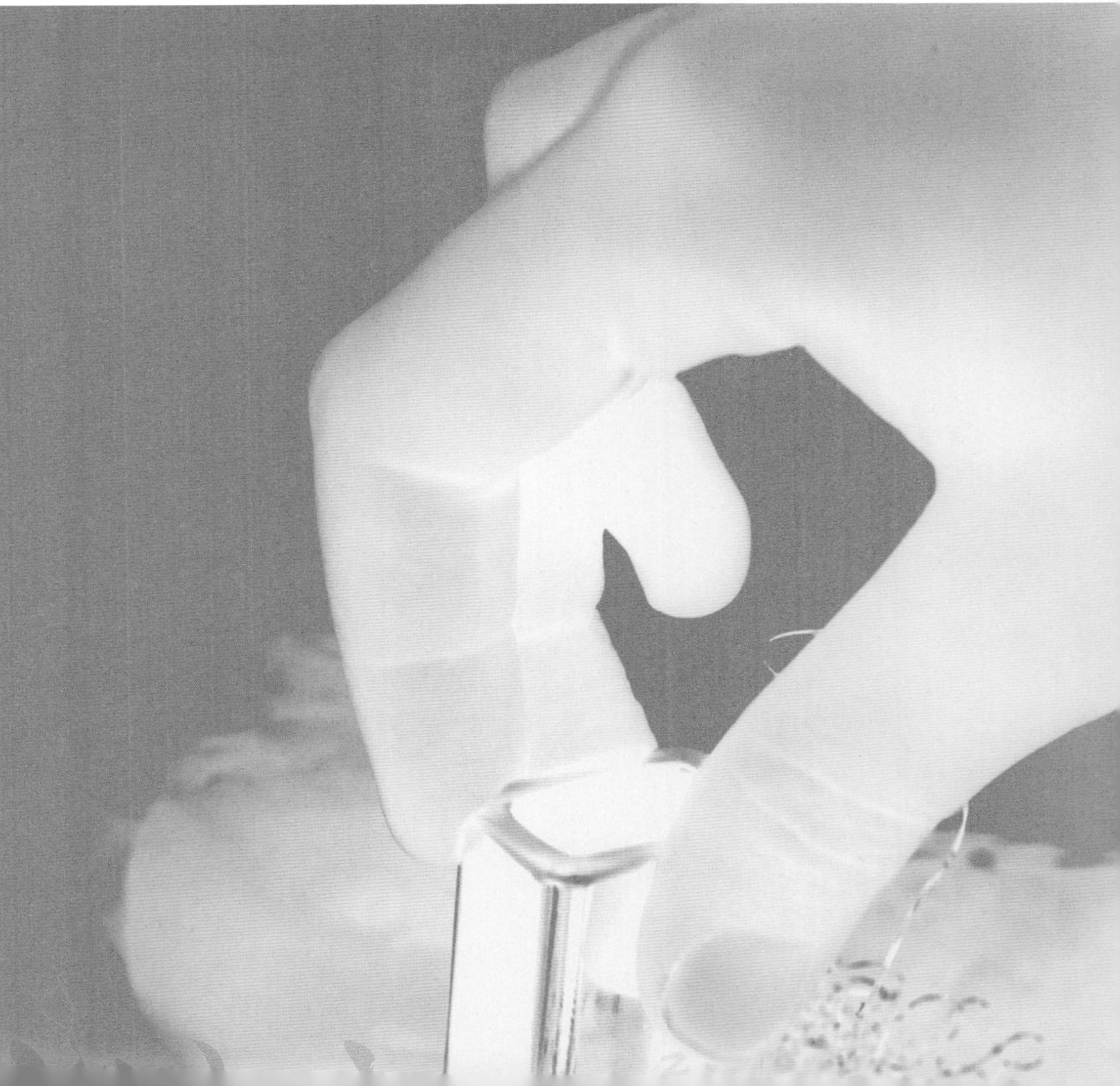

怎样做?

注意！只能在室外尝试，并且事先准备好一桶水。把钢丝球扯开，放在烤盘上。把电池的两极探进钢丝球里，用手拿住电池，稍微来回移动，直到接触点烧红。把电池拿开，则又不红了。等到钢丝球足够热，才能自己继续燃烧。一旦钢丝球开始燃烧，立刻用水扑灭。

一节电池就可以点燃钢丝球。因此绝对不要把这两样东西一起放在抽屉里。

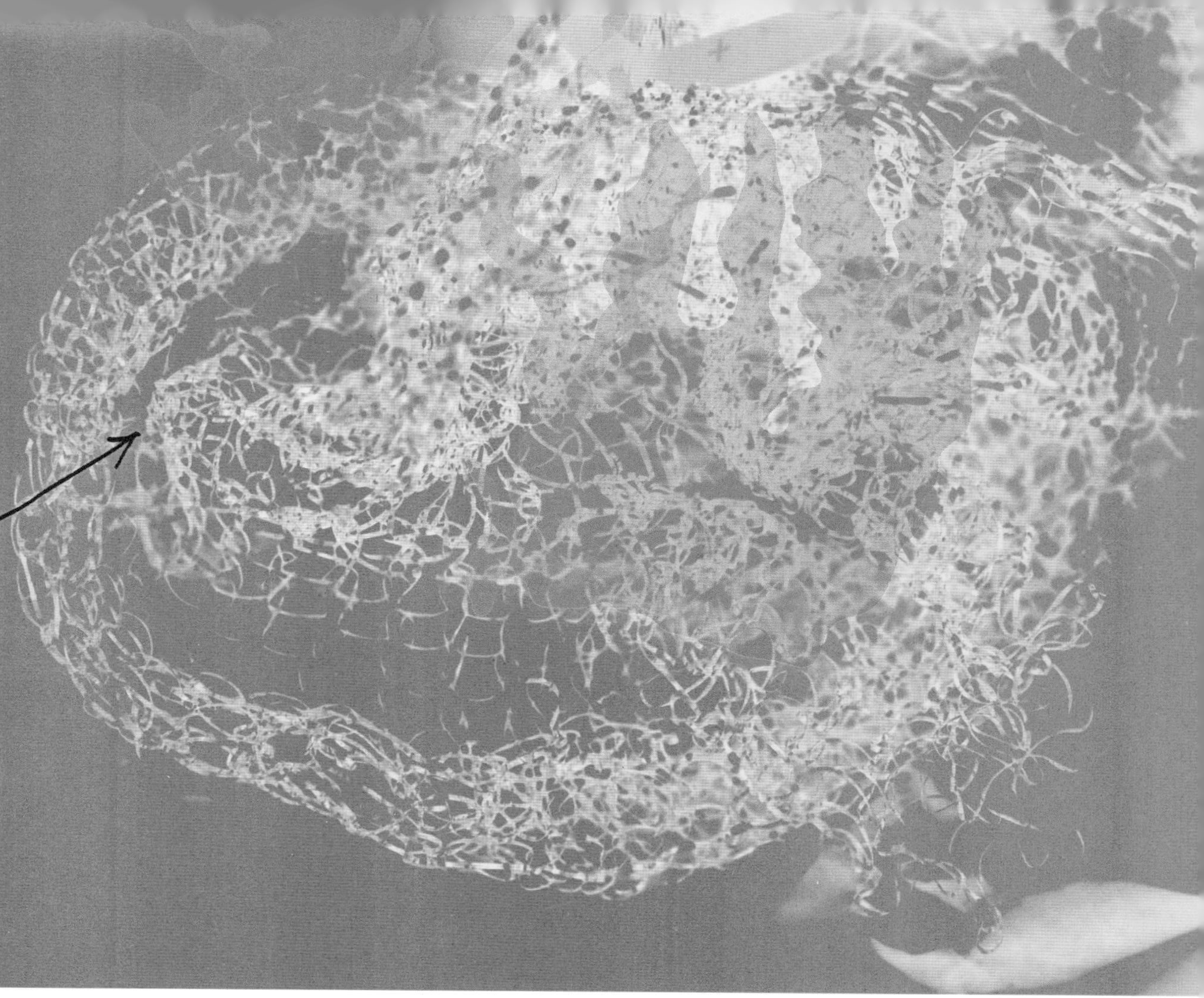

冒险指数评级：

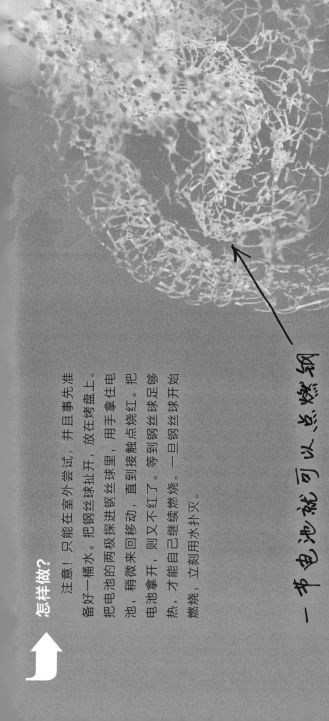

隐患 仅限室外！

任务：有毒烟雾可以多快产生？

材料：烤面包机，面包片，秒表

相关链接：26-27，46-47，86-87

为什么危险？

在室内火灾中，烟雾甚至比火本身还要危险。火灾中的烟雾产生非常迅速，并且有毒。吸入过多的烟雾，会让人失去意识，甚至窒息。

怎样做？

一片吐司面包烤得太久，就会开始冒烟。而且味道非常难闻，几个小时都不会散。因此一定要把面包机放在室外做实验。准备一块秒表，注意观察面包片开始冒烟的时间。看看第二次烤完弹出来的时候，面包片的颜色变得有多深？再烤第三次、第四次。看到烟的时候再停止计时。一旦冒出浓烟，就要立刻关掉烤面包机！

还有什么？

如果面包被卡住，就拔下电源插头。等到加热棒冷却后，就可以用木勺的柄（一定不要用金属的）把面包取出来了。

冒险指数评级：

隐患

任务：快干胶粘住手指能维持多久？
材料：快干胶，温水，肥皂或者洗洁精
相关链接：12-13，54-55，64-65，122-123，124-125

为什么危险？

快干胶的功能正如它的管体包装上所说：几秒钟内粘牢，牢得吓人。而且什么都能粘住，连皮肤都能。

怎样做？

你觉得，快干胶多久能粘住你的手指？为了找到答案，你只要滴一小滴快干胶到手指尖上，与另一根手指捏住。唰！现在做什么也没有用了。你的两根手指头分不开了，至少拉是拉不开的。现在你需要一小碗温水以及一块肥皂（洗洁精也行）。把粘住的手指泡进水里，你需要非常耐心，不断地搓动粘在一起的手指。胶水总会溶解的，只是可能要花上半个小时的时间。

只有当你确定自己短时间内不需要用到手时，才能做这个实验。

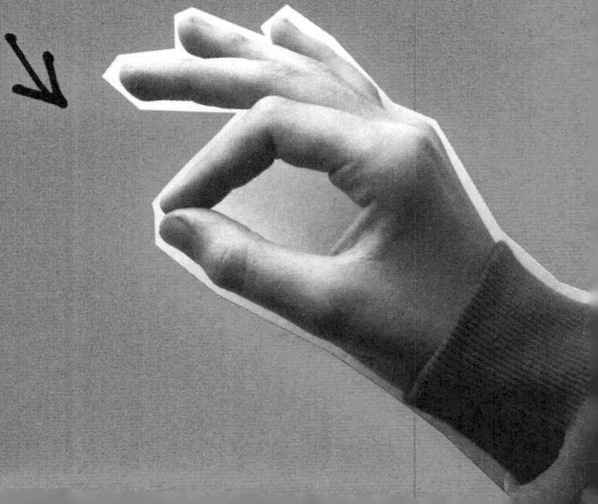

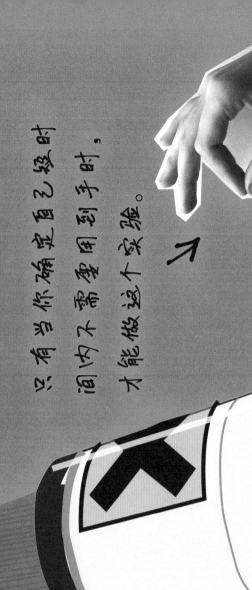

需要知道什么？

快干胶发挥作用，需要一些水分，这些水分大多来自于空气中。接触到原本就湿润的物体时则粘得更快，比如皮肤。

还有什么？

另一种常用的胶叫作热熔胶。在做手工或者修补时非常实用。不过，融化的热熔胶温度高达 200℃，只要滴几滴到手上就会剧痛无比。所以小心为妙！如果不小心被烫伤，立刻把沾到胶的部分放到冷水中，这样胶水就会固化，你就可以把胶从皮肤上撕下来。

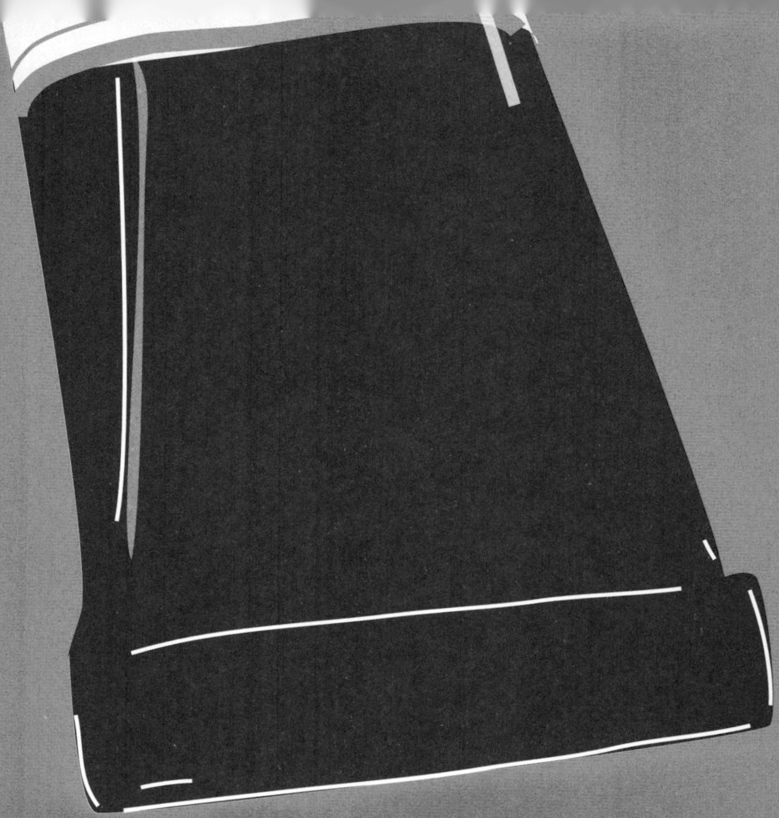

冒险指数评级：

隐患

任务：怎样让手指粘住金属？

材料：金属块

相关链接：12-13，38-39，40-41，62-63，122-123，124-125

当皮肤接触温度极低的物体时，可能会导致冻伤。冻伤与烫伤相似，皮肤会变红，还会生出水疱，感觉火辣辣的。

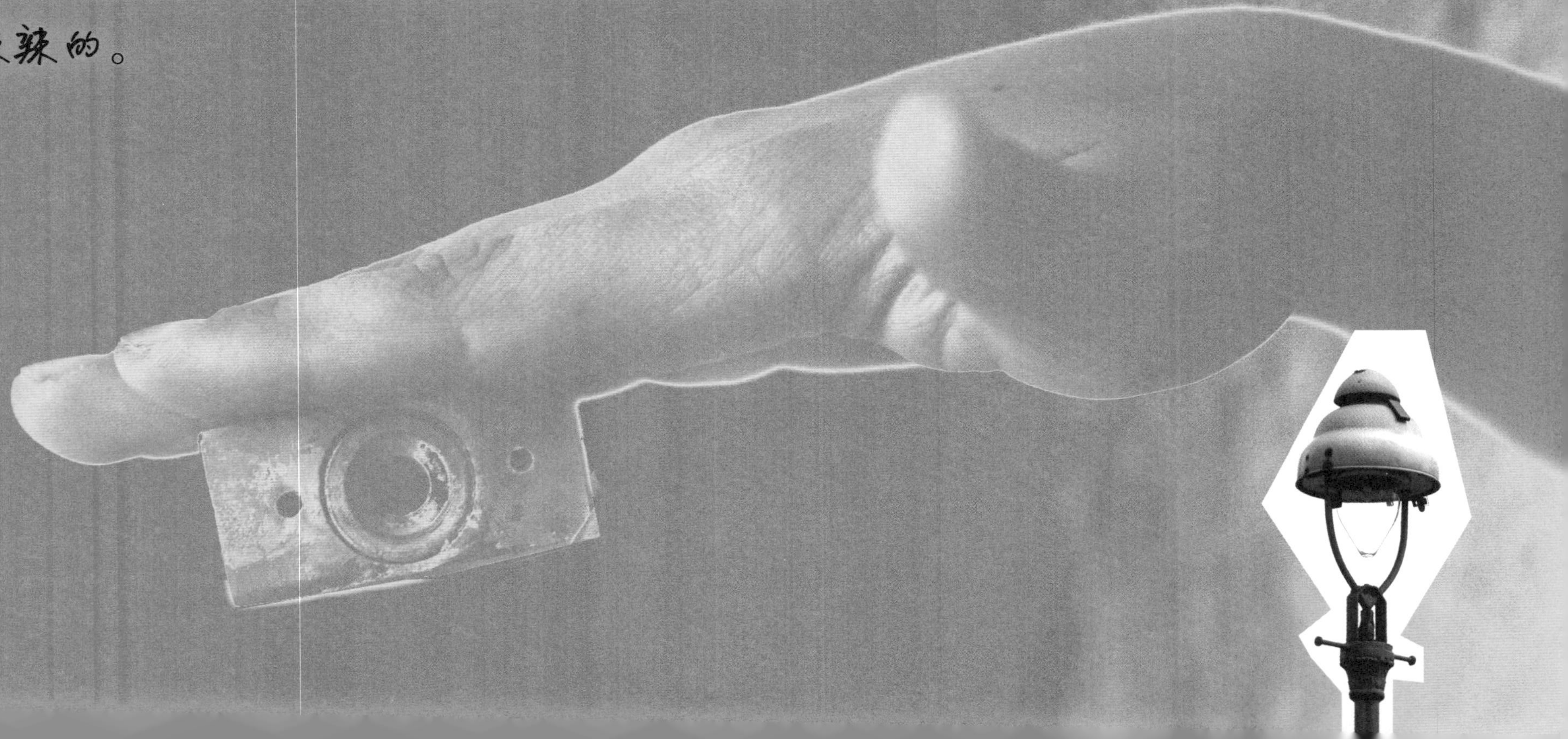

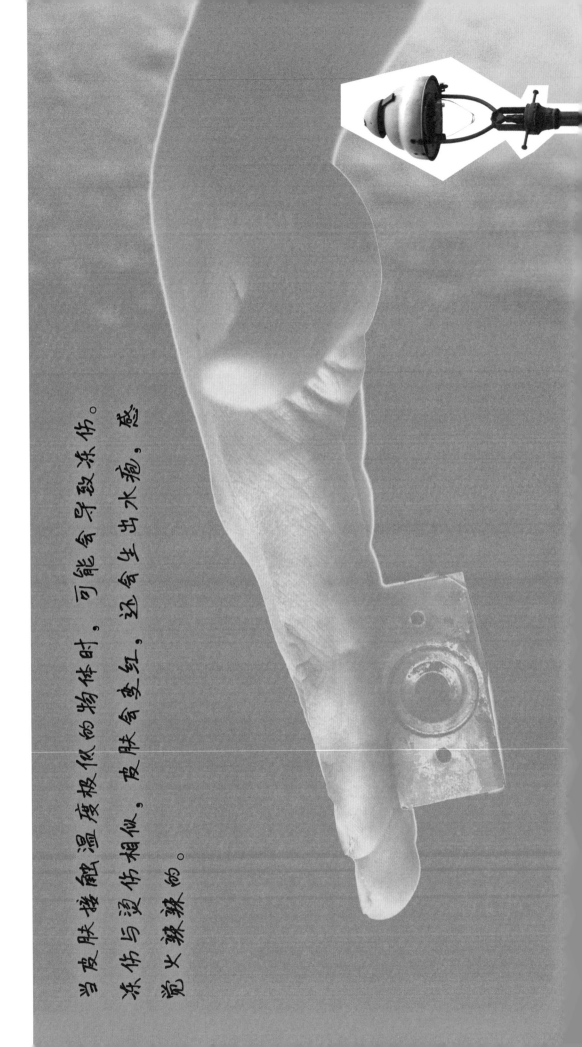

冬天舔路灯柱？这可不是个好主意！

为什么危险？

你的手指会粘在冰冷的金属表面，这是因为皮肤上细小褶皱中的水分因温度骤降而冻结。因此要格外小心，舌头非常湿润，更容易被冻住。

怎样做？

把一小块金属块（比如挂锁）放进冰箱冷冻室。温度最好在零下18℃，这样最好玩。现在，等待金属块变得足够冰冷，这可能要花两个小时左右的时间。然后用干燥的手指把金属块从冰箱里拿出来，把它放在桌子上。现在可以开始了，把手指舔一舔，放在冻过的金属块上。你会发现手指立刻与金属块冻在了一起。不用担心，稍微等一会儿，你手指上的温度就会使皮肤与金属之间的冰融化，如果不想等那么久，也可以把金属块放到温水下解冻。

冒险指数评级：

隐患

任务: 怎样做一个弹弓?

材料: 塑料瓶，气球，剪刀，笔

相关链接: 44-45，50-51

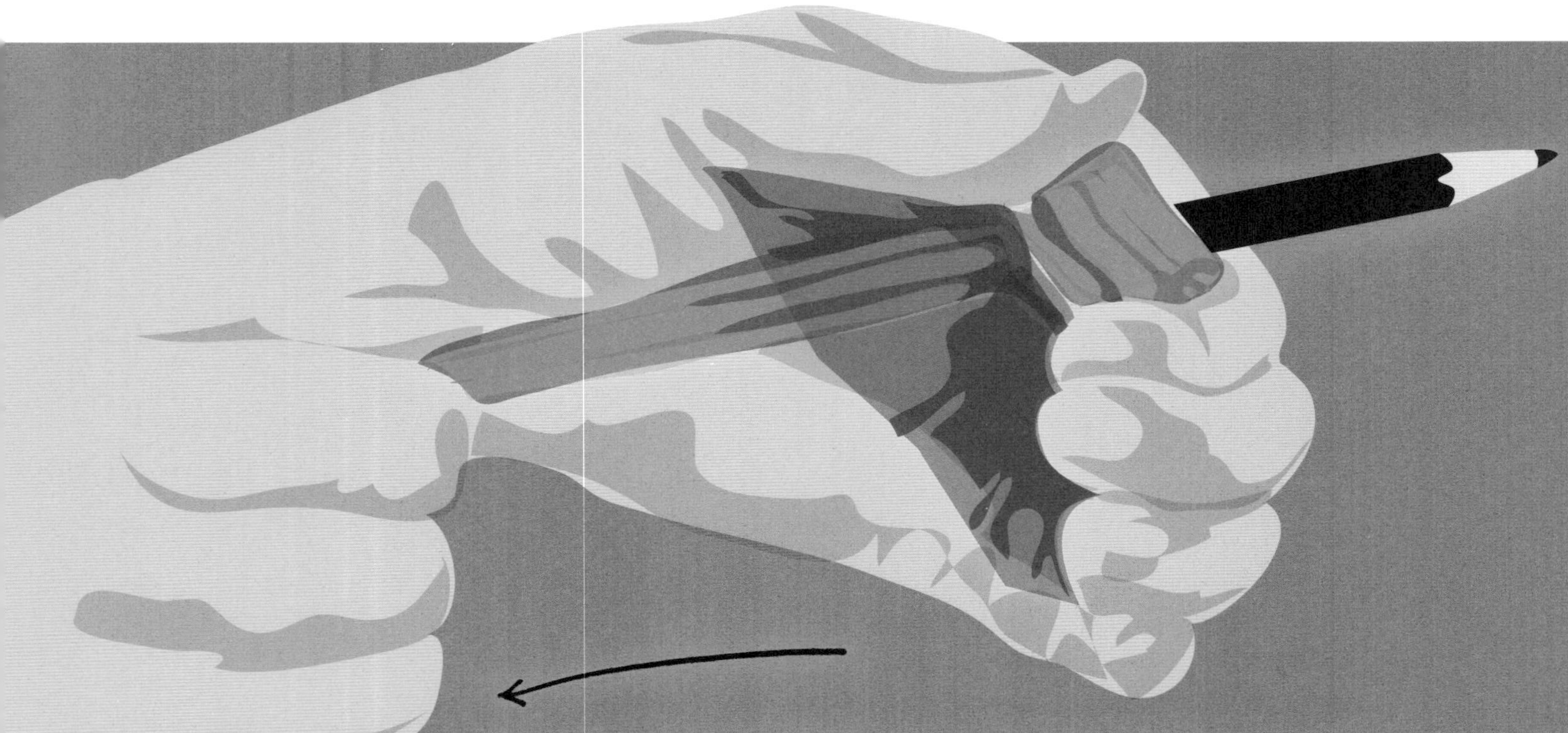

要想让笔向前射出的速度更快、距离更远，就要更用力地向后扯紧包裹铅笔的气球。

为什么危险？

弹弓的用途与弓箭类似。虽然法律并没有禁止公民携带和使用弹弓，但它还是可能会对人造成严重的伤害。所以，绝对不要瞄准别人射击！

怎样做？

在距离塑料瓶瓶口往下三厘米的地方将瓶口剪下来。把气球的吹气口剪掉一半，余下的颈部套在瓶口上。用手指把气球塞进瓶口。然后把一支笔插进气球里面。一只手握紧瓶口，另一只手向后拉紧气球。气球完全拉紧了吗？那么松手吧，笔就会射出去！

像这样把剪下来的气球套在塑料瓶口上。如果气球套得不够紧，可以再用皮筋加固一下。

我需要知道什么？

寻找一处安全的射击场。你需要一大片空地。不仅离目标要有一段距离，周围也要留出空地。万一没有瞄准，笔会到处乱飞。因此射击场必须空旷无人。在每一次射击之前都要确认好在标靶周围和前方没有任何人在。你射击完之后，要等所有人都射完，确认安全后才能去捡铅笔。

还有什么？

练习瞄准。在一张纸上画出像标靶那样的圆圈，把这张纸贴在纸箱上，放在合适的地点。向后退三步，现在试试在这个距离能否瞄准。你可能需要前后移动调整位置。如果你想参加比赛，你可以在每个圈上写上分数。

冒险指数评级：

工具

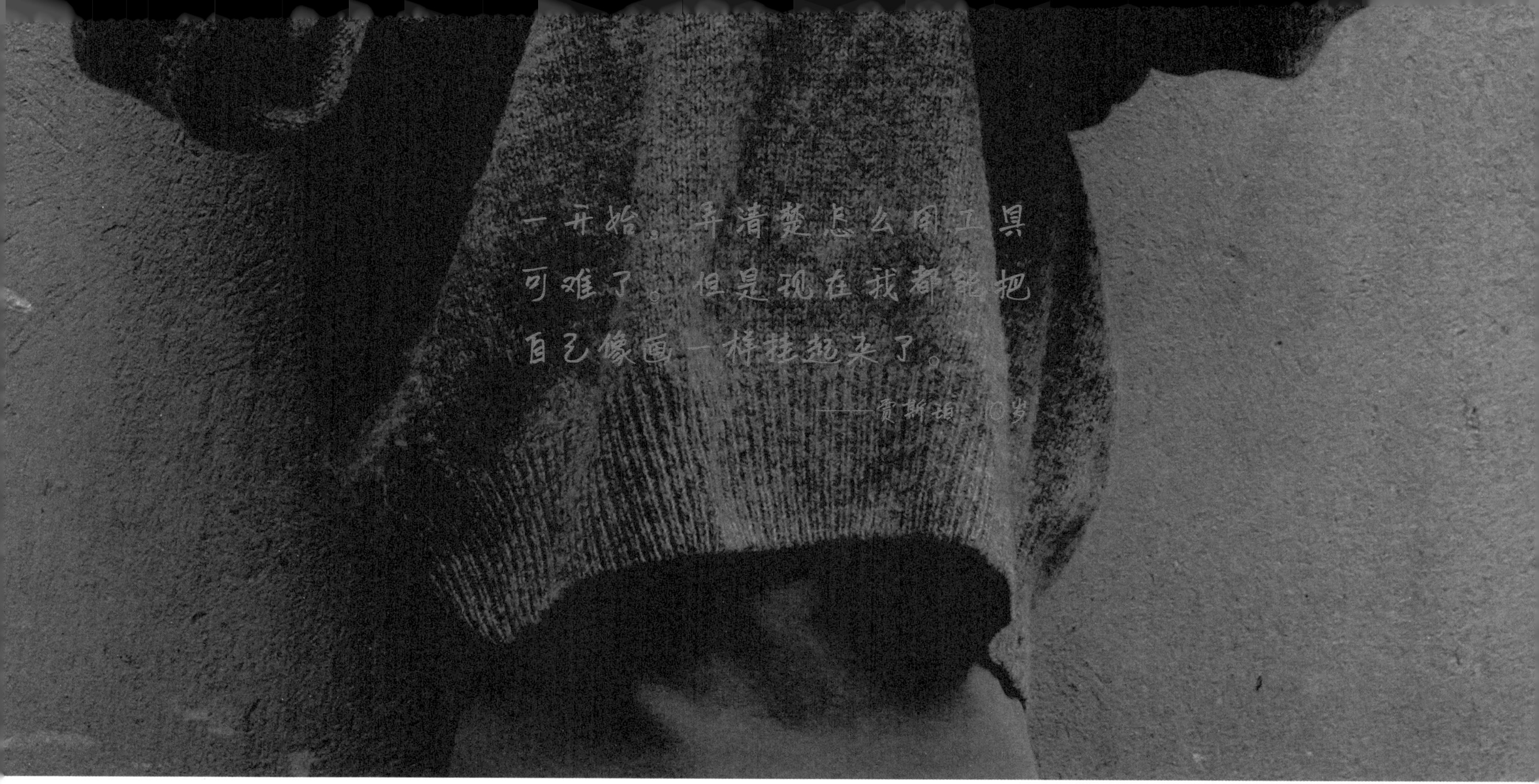
一开始，弄清楚怎么用工具
可难了。但是现在我都能把
自己像画一样挂起来了。
——贾斯珀，10岁

工具

任务：怎样用锋利的刀雕刻？

材料：刚砍下的树枝，刻刀

相关链接：16-17，72-73，74-75，76-77，102-103

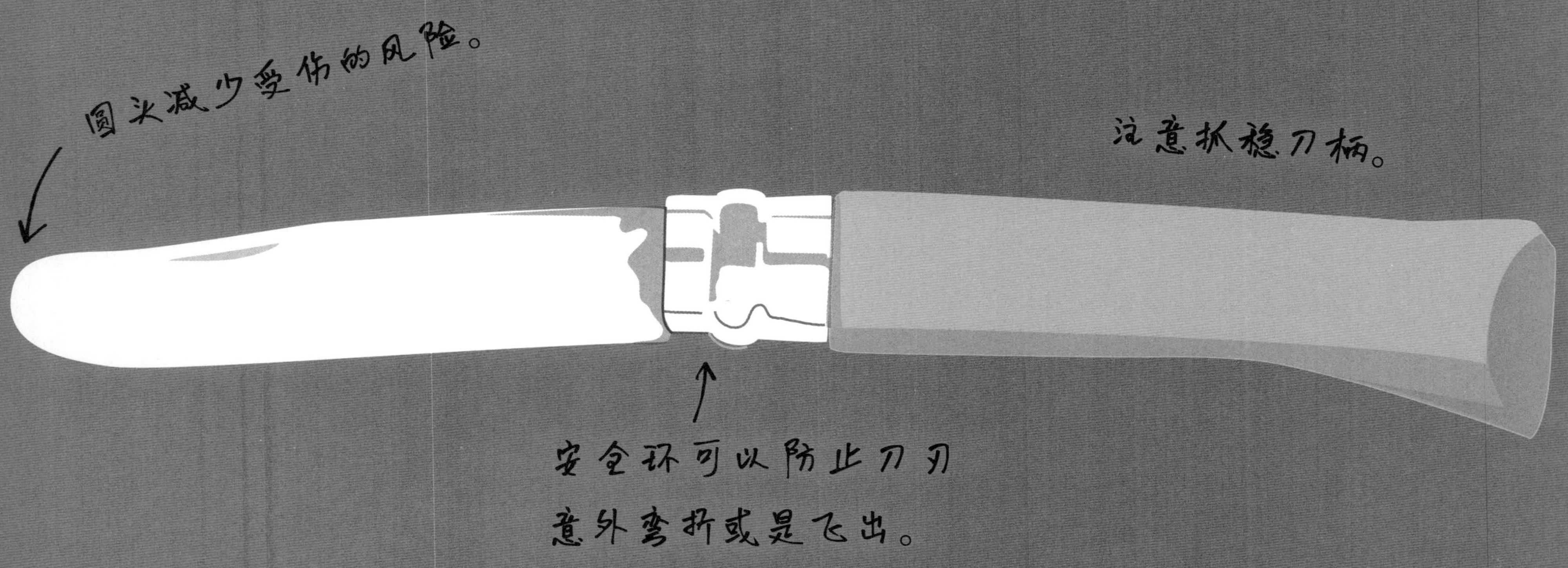
圆头减少受伤的风险。
注意抓稳刀柄。
安全环可以防止刀刃
意外弯折或是飞出。

为什么危险?

锋利的刀可能会割伤你，但是钝刀更加危险，因为用钝刀切东西的时候你会更用力，因此更容易滑脱。

怎样做?

雕刻专家都知道，只有坐着的时候才能雕刻。坐着雕刻是必须牢记的最重要的规则。除此之外还要记住，刀要朝着远离身体的方向切割，永远不要反过来。用写字的手拿刀，用另一只手拿稳木棍。把刀刃轻轻斜推进树皮，朝远离身体的方向削。保持肩膀不动，只用手腕发力。

我需要知道什么?

雕刻顺利与否，不仅与你的手艺有关，还取决于木头的种类。有一些木料坚硬，有一些木料较软，还有一些木料会起毛边。最适合雕刻的木料有桦木、椴木、杨木，而杉木和冷杉木的枝干非常软，因此不太适合加工。相对的，接骨木则总是好得让人惊喜。在它坚硬的外皮下有柔软的芯。在切削的时候把柔软的木芯掏出来是很好玩的。花一些时间和心思，就可以用接骨木枝做成吹管和哨子。你最好多试一些不同种类的木材来积累经验。

还有什么?

刻南瓜头很好玩，你不用非要等到万圣节才去切蔬菜水果。试一试南瓜可以做成什么形状吧!

刻花纹很简单，你只需要把有些地方的树皮保留在树枝上。

——阿莱格拉，10岁

冒险指数评级：

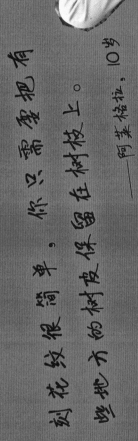

工具

任务：怎样锯开木板？

材料：木锯，木板，铅笔，砂纸

相关链接：16-17，70-71，74-75，76-77

用手锯时，应该来回拉扯着锯。

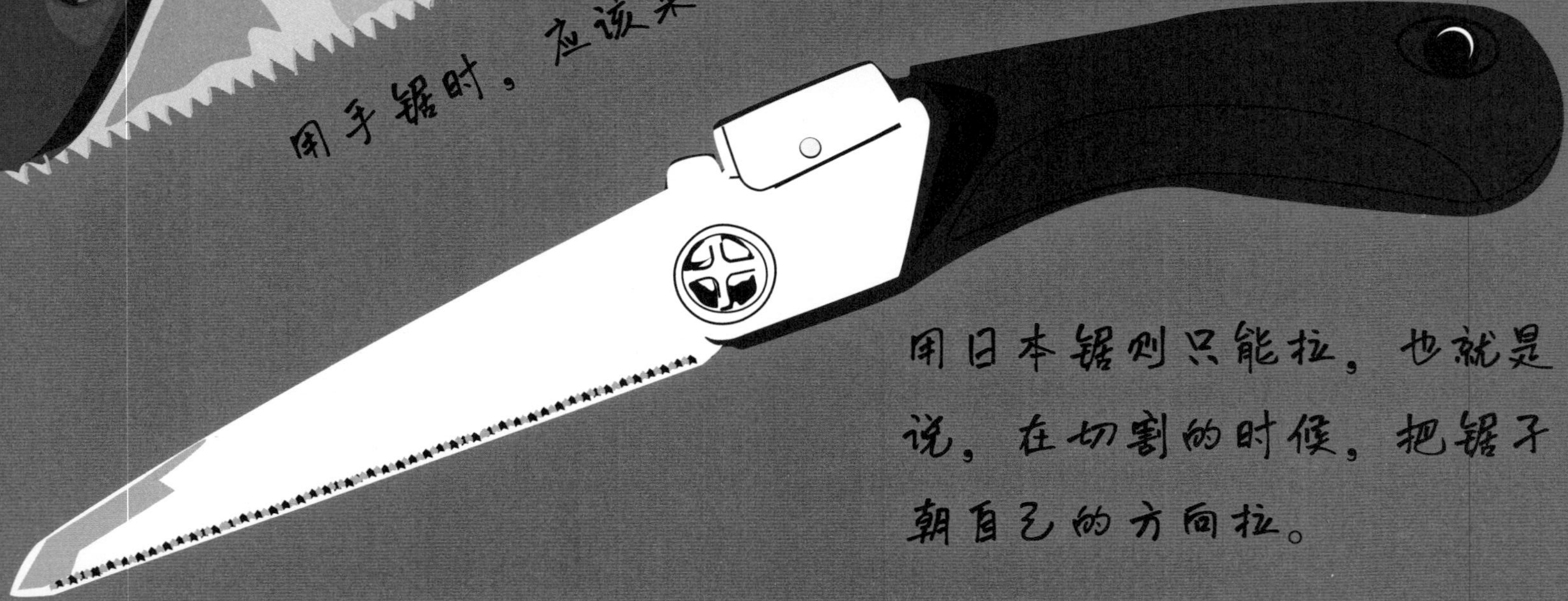

用日本锯则只能拉，也就是说，在切割的时候，把锯子朝自己的方向拉。

为什么危险?

锯子上尖锐的锯齿会造成很深的切割伤口。

怎样做?

拿一块木板，用铅笔标记想要锯的部位。把木板放置在稳固的桌子或者是沉重的凳子上进行切割。如果是长木板，你甚至需要两把凳子。将木板的两端分别放在两把凳子上，使要锯的部位悬空。小心！在锯的过程中，木板会来回移动。最好请别人帮忙扶稳，也可以自己用一只手按住木板，或者加个垫子，用脚踩住。如果木板晃得太厉害，你可能需要缩小锯口与锯片边缘的距离。

锯木板的方法如下：把锯子放到木板前面的边缘处，沿着标记的方向，用一只手几乎不施加压力地慢慢锯几下，锯出一道痕迹。这是一种超级好用的技巧，这道锯痕使锯更容易进入。现在，来回轻轻推拉锯子。如果锯片卷刃，说明用力过猛，你需要更换锯片。锯到最后需要注意，如果直接锯到最后，木头下面可能会有毛边，甚至可能会飞出碎片。有经验的人会这样做：当木板的两部分还连在一起时，把木板掉个方向，从另一边开始锯，把模板彻底锯开。然后用砂纸把锯口打磨光滑，这样就完美了。

最好赶紧把木屑吸干净，不然会飞得到处都是。

——安东尼娅，11岁

冒险指数评级：

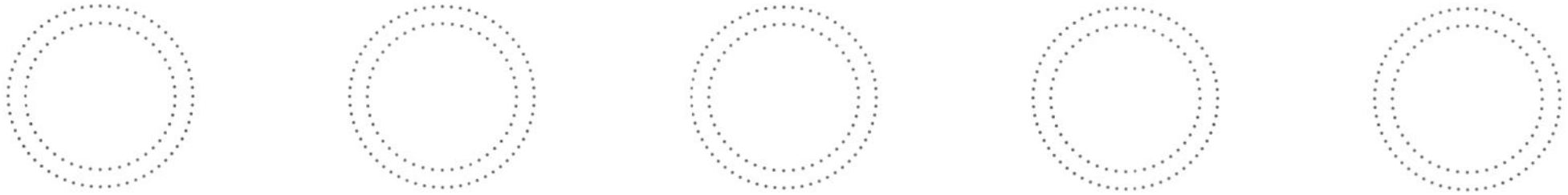

工具

任务: 怎样把钉子钉在墙上?

材料: 铅笔，锤子，钉子

相关链接: 70-71，72-73，76-77

这个楔形的部位叫作锤头。

锤子粗的这部分叫作锤面。

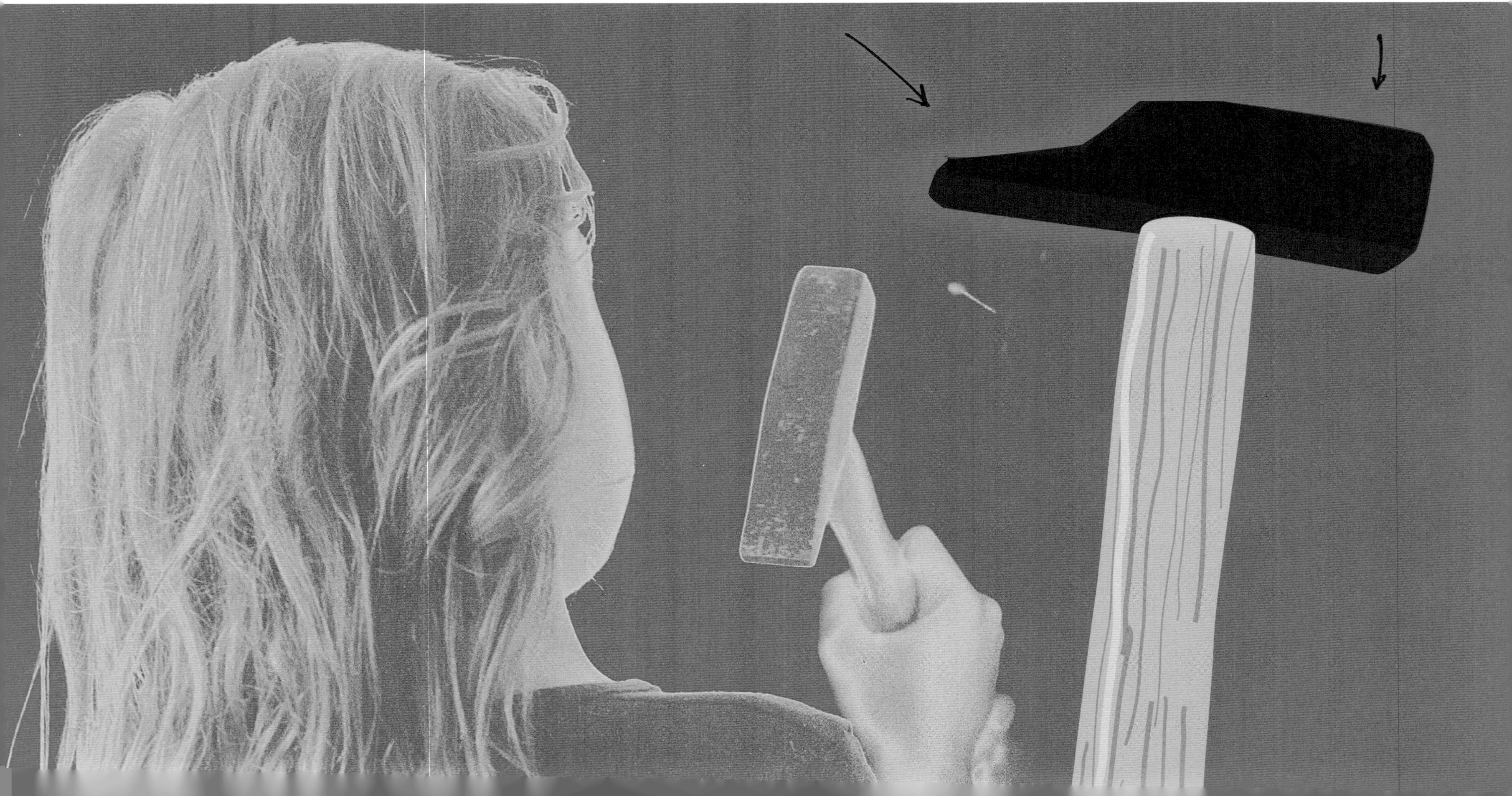

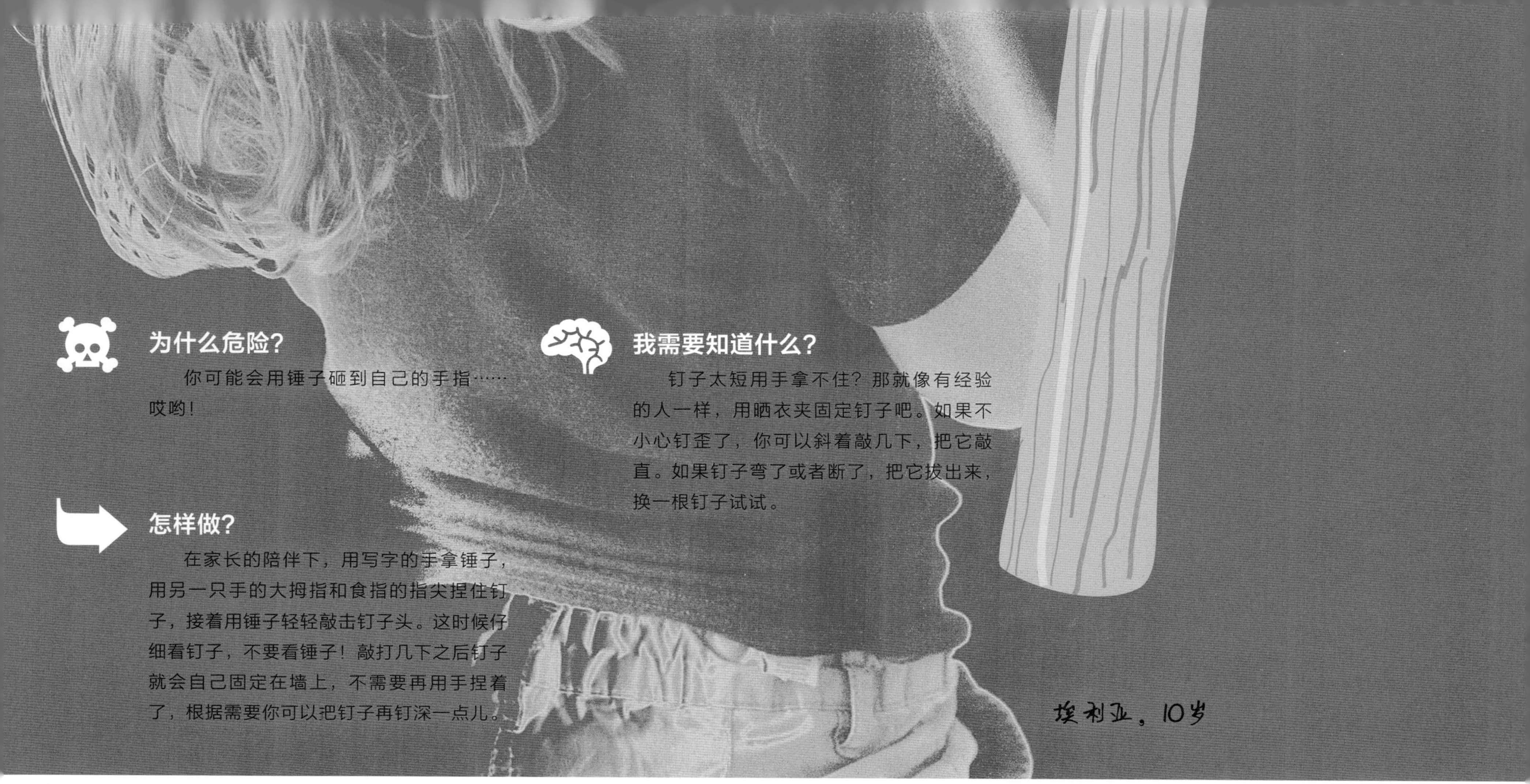

为什么危险？

你可能会用锤子砸到自己的手指……哎哟！

怎样做？

在家长的陪伴下，用写字的手拿锤子，用另一只手的大拇指和食指的指尖捏住钉子，接着用锤子轻轻敲击钉子头。这时候仔细看钉子，不要看锤子！敲打几下之后钉子就会自己固定在墙上，不需要再用手捏着了，根据需要你可以把钉子再钉深一点儿。

我需要知道什么？

钉子太短用手拿不住？那就像有经验的人一样，用晒衣夹固定钉子吧。如果不小心钉歪了，你可以斜着敲几下，把它敲直。如果钉子弯了或者断了，把它拔出来，换一根钉子试试。

冒险指数评级：

工具

任务: 怎样钻洞?

材料: 一块木头（至少 40 毫米厚），一块大一些的板子用来当作垫子，电钻，夹钳

相关链接: 70-71，72-73，74-75

为什么危险?

钻洞的时候可能会手滑，从而伤到别人。

怎样做?

电钻既可以拧螺丝，也可以钻孔。拧螺丝的时候，它可以往右或往左拧，而钻孔的时候则需要往右拧，这是可以设定的。除此之外你还需要设定钻头的转速。先设定中等速度，把想要钻孔的木板放平，下面垫着另一块板子，以防你不小心钻穿桌面。而且垫板也有利于改善最终的效果，下方的垫板可以防止钻孔出现毛边。如果你只有一小块木头，一定要固定好，你可以使用夹钳。

用一支铅笔画出要钻的洞。在家长的陪伴下，用钻头垂直对准，启动电钻，轻轻下压钻洞。已经够深了？慢慢把钻头从洞中提出来，然后再关掉电钻。

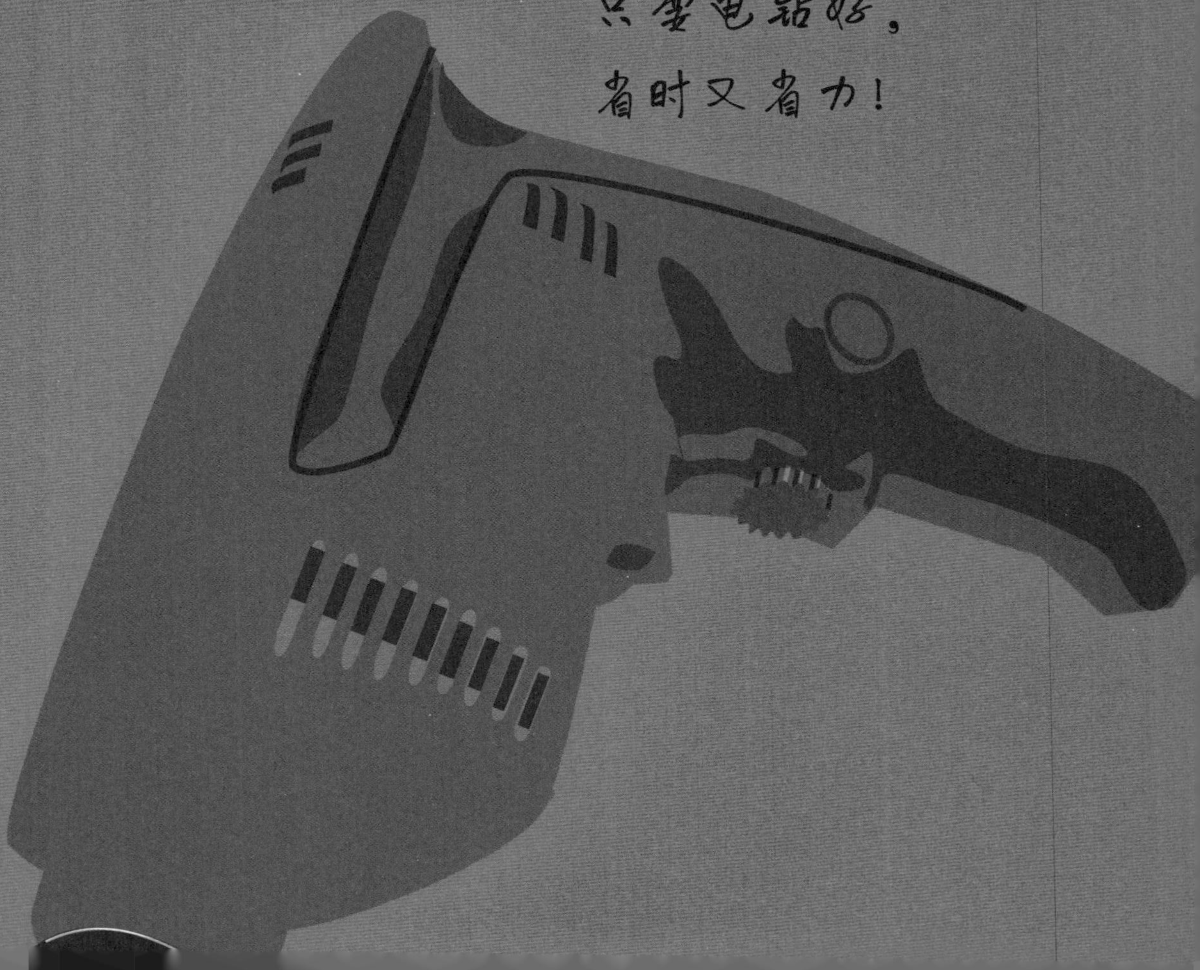

还有什么？

我们已经说过，电钻也可以用来拧螺丝。拧螺丝的时候，需要选用两种旋转方向。向右旋，是拧进去；向左旋，是拧出来。试一试用电钻把螺丝拧进木头里吧。你需要一颗螺丝，还需要一个合适的螺丝刀头代替钻头。螺丝刀头看起来就像是去掉手柄的螺丝刀。注意确保电钻和刀头相匹配。如果螺丝刀头的尖端滑脱或者拧过了头，电钻和刀头都会受损。

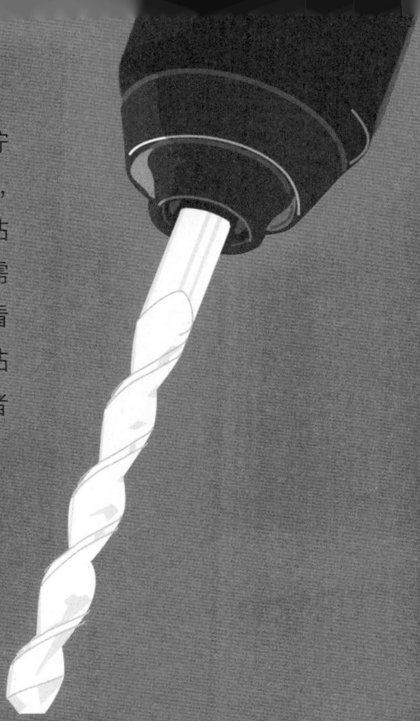

把头发绑起来！

玛丽，10岁

冒险指数评级：

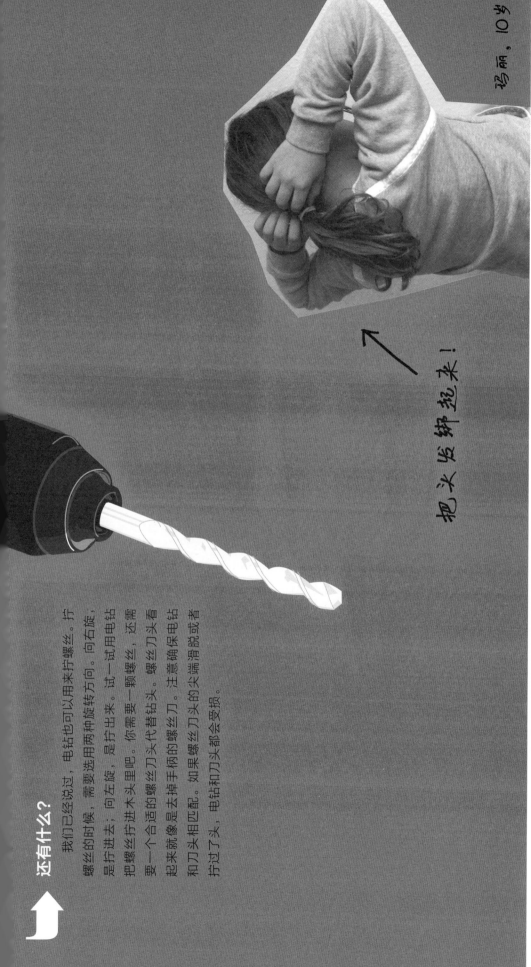

工具

任务: 怎样给电源线装开关?

材料: 电源线，拨动开关，剥线钳，螺丝刀，小碗

相关链接: 54-55，56-57，58-59，82-83

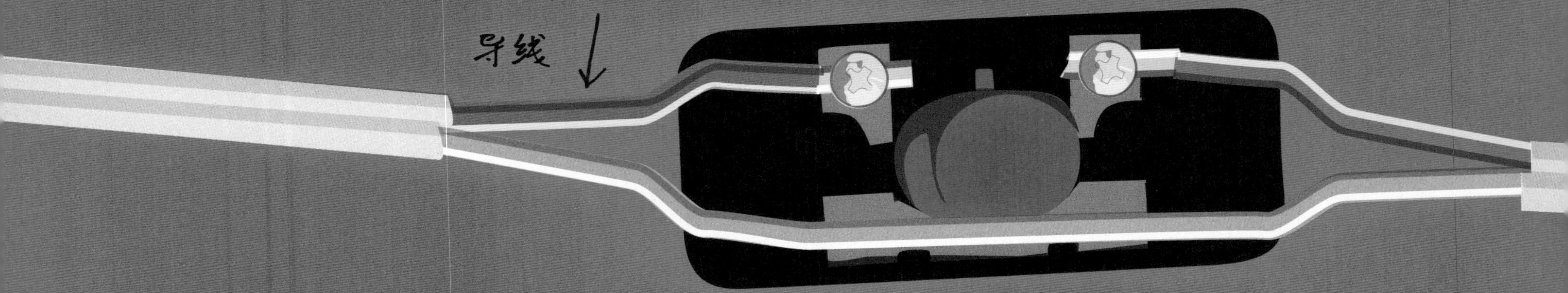

开灯还是关灯? 因为有一根导线被剪断并用开关盒连接起来，所以开关能够控制电路是连通还是断开。

为什么危险？

关于电的工作都非常危险，因为有可能触电致死。

我需要知道什么？

电与电是不同的。居家用电都是所谓的低压电流。当身体直接接触这种电，首先会危及心脏。因为心脏是通过电流刺激控制心跳的。当电流扰乱心跳，可能会造成心脏停搏。

怎样做？

要让灯亮起来，就需要有电源。你可以利用拨动开关观察，当闭合或断开电路时，电路是如何运作的。因为拨动开关可以很轻易地装到电源线上去。而且这样也很方便，你不需要通过拔出或插上插头来控制开关。

开始之前，首先要拔掉电源线的插头。在电线上选一个装开关的位置。你要仔细观察，电线有两股，我们称作导线。用剥线钳剪断其中一根导线，把两个线头尖端约1厘米长的外皮剥掉。如果露出了细小的电线，必须把它们捻起来。把开关盒拧开，拧下来的螺丝放到小碗里，等一会好找。打开开关盒，你会看到有两个小螺钉或者是夹子，你需要把电线的两头拧在上面。先用螺丝刀把螺钉稍微拧松一些，这样才能把线头塞进去。再拧紧螺钉，这一条导线就处理好了。另一条导线则照原样从开关盒里穿出来，把开关盒拧上。完成。

这样一把剥线钳是很好用的。

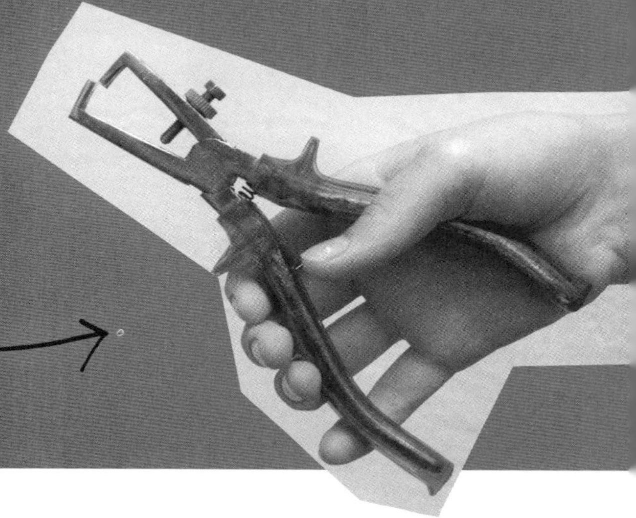

冒险指数评级：

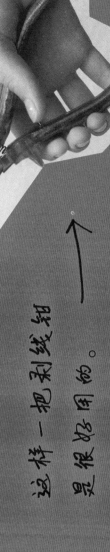

恐惧

艾玛非常可爱。可是每当有别的狗来，它都会非常大声地吼叫。这会吓到不认识它的人。

——梅丽娜，10岁

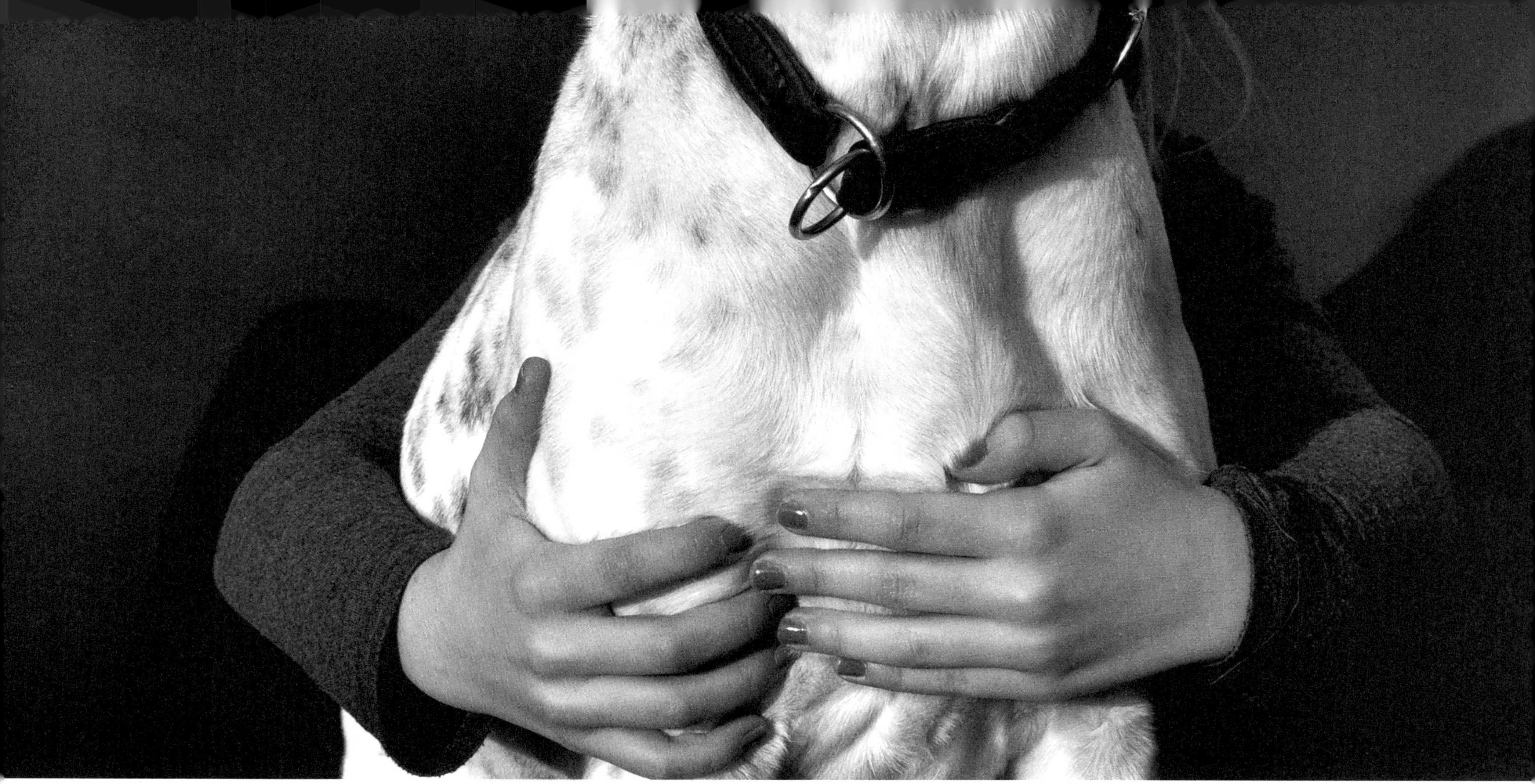

恐惧

任务： 雷雨天气下应该如何保护自己？

相关链接： 56-57，58-59，78-79，102-103

我有一点儿怕雷雨。尤其是在夜晚房间一下子被闪电照亮的时候。

夜里有雷雨的时候我甚至会起床透过窗户观看。我也试过拍摄闪电，但是不太好拍。

有一次雷雨天的时候我们家停电了。于是我们点起蜡烛，安抚我家的天竺鼠。我总是会想起那时，因为那真是个温馨的时刻，我感受到天竺鼠的心跳，就一点儿也不害怕了。

我的狗也很怕雷雨天。一打雷它就恨不得缩成袖珍小狗。

为什么危险？

被闪电击中可能会死。

背后有什么原理？

闪电是积雨云释放电荷产生的。雷雨多在夏天出现，是有原因的。当温暖湿润的近地面空气遇到来自高空的干冷空气时，就会产生积雨云。积雨云内部强烈的对流把气流撕扯开，这种气流运动形成能量，在云的内部引发强烈电荷。就像电池一样，积雨云内也会产生正负两极。云的上端总是正电荷更强，下端总是负电荷更强。巨大的电压差通过闪电释放。闪电产生于瞬间的热量，此时空气迅速膨胀，同时发出巨大的爆裂声，称为音障——这就是打雷了。本来闪电与打雷是同时发生的，但是因为光比声传播速度快，所以我们总是先看到闪电。

我学到了一些经验。每当我害怕的时候，我就会在想象中安慰我的天竺鼠。就像这样："没事的。你放心好了，什么事也没有。"然后我就会自然而然地平静下来。

好主意！下次遇到高难度的考试之前我也试试。

耶西，20岁

奥蕾莉亚，6岁

怎样保护自己不被闪电击中？

被闪电击中的概率是随地点变化的。闪电倾向于首先击中高处。因此在雷雨天气时，站在空旷地带或是在水中游水，是很危险的。当出现雷雨天气的征兆时，就应该立刻离开水。不管是在户外的水域，还是在露天或者室内游泳池，甚至浴缸和淋浴中，都是一样的。

在室内是安全的，因为许多建筑物都有避雷针。在车里也可以，车顶可以保护你不被闪电击中。

如果在室外突然遇到雷雨，不要站在老树附近，因为老树的树枝会被雷电打断。把包或者背包脱下，放在一边，蹲下，用手臂环抱膝盖，注意双脚并拢。除了双脚，其他部位不要接触地面。保持这个姿势直到雷雨过去。

冒险指数评级：

恐惧

任务：怎样辨别一条狂吠的狗是否危险？

相关链接：104-105，114-115

“会叫的狗不咬人！”我妈妈总是这么说。可是当我在骑自行车的时候，有一条狗一边叫一边追我，我就不那么确定了。

我每次遇到狗也觉得可怕，尽管我能看出它会不会咬人。

有一些狗真的太能惹是生非了！

是的。我在书上读到过，这种狗属于猎犬。不管是自行车还是慢跑的人，在它们看来都是逃跑的猎物，看到的一瞬间它们体内的追猎本能就被激活了。于是就会一边叫一边追，弄得很夸张。

人们总是说：这时候应该站在原地，不要看它。可是骑自行车的时候不是那么容易做到这一点的。

狗都喜欢护卫自己的地盘。你骑着自行车很快就离开了，狗会站在原地，朝着你再叫一会儿，但也就这样了。如果你是步行路过，那就必须要站在原地，直到狗冷静下来。

为什么危险？

狗会紧咬不放，使你受伤。

当狗冲我叫时，应该怎么办？

为了测试这条狗是不是危险，你需要快速地瞥它一眼：它只是在叫吗？还是同时龇牙咧嘴？耳朵是朝后的吗？喉咙里有没有轰隆隆响？这些都是线索，如果答案是肯定的，那么你接下来该做的事就是：什么也不做。

怎样避免跟狗冲突？

很少有比面对一条暴怒的狗却要保持不动更难的事了。不管狗叫得多凶，不要跑，站在原地保持不动，也不要看它。看向一旁的地面，绝对不要看它的眼睛。在狗的语言中，这种举动的意思是：“我不想起冲突。”两条胳膊紧靠身体，双手握拳，保护手指。当狗发现你并不想打架的时候，它可能会叫几声，闻一闻，就会对你失去兴趣，然后走开。这时候你再静静地、慢慢走开。

我还听说，也不能微笑。

因为微笑很容易被误解。狗会想：“啊，她龇牙了。她要打架！”

不过如果它摇着尾巴走过来，我可以摸摸它吗？

狗摇尾巴并不总是说明它心情很好。摇尾巴只是表示狗很激动。不确定的时候，我会先等一等再看。

尤利安，9岁

冒险指数评级：

阿莱格拉，10岁

恐惧

任务: 着火时应该如何自救?

相关链接: 10-11，12-13，14-15，16-17，18-19，24-25，26-27，46-47，48-49，58-59，60-61

为什么危险?

火灾是很危险的，面对火灾，人也很容易陷入恐慌。知道应该怎样做，关键时刻也许能救命。

我需要知道什么?

你可能也有过疑问，为什么学校会进行火灾演练？原因很简单：万一真的发生火灾，必须避免出现恐慌。因此在家里进行火灾演练也是必要的。跟爸爸妈妈讨论一下，当发生火灾的时候，你家附近最合适的逃生路线有哪些！只说不练是不够的，必须有意识地走一遍逃生路线，才会留下印象。因为只有这样，当火灾发生、心里害怕的时候，才能记起路线。最重要的是，和家人约定一个逃出后集合的地点。

发生火灾时应该做什么?

房间内发生小火灾时，你需要做一件事，大喊“着火了！”大人可以用遮盖或是泼水的方式扑灭着火的桌布和灯罩。有一个例外需要注意，油脂或是蜡着火时，绝对不能用水扑灭，必须用东西盖上，隔绝氧气才能灭火。

过去我们会在圣诞树上装饰真正的蜡烛。但是有一次着火了，从那以后我们就只用 LED 灯串了。

没出大事吧?

嗯。爸爸把窗帘扯下来，用它扑灭了火。一切都发生得非常快，几秒钟之后到处都是烟。所以其他人都跑到楼梯间去了，还大喊“着火了”。

我们邻居家也出过一次这样的事。整个房间都着火了，最后是消防队把火扑灭了。但是火扑灭之后到处都是水，连楼下房间里也是。那些人不得不搬走，等到房子翻修好再回来。真是太糟糕了。

总之，一定要小心。我们家那次着火是因为蜡烛离一根树枝太近了，而且树离窗帘也太近了。为了防止树枝着火，应该在树旁放一桶水随时准备灭火。

如果是更大的火灾呢？当然还是立刻大喊“着火了！”然后从最近的路线离开房间并拨打 119。逃跑的时候要把沿路的门都关上，这样烟雾就不易扩散了。重要提示：不要使用电梯！

如果已经有烟雾了，那就低头弯腰，或是四肢着地，匍匐前进。同时屏住呼吸，直到走到有新鲜空气的地方。

如果跑不出去了，就立刻找一个尽可能离火远的房间。把门缝或者其他缝隙用毛巾堵住，把火和烟封在外面。如果有可能，最好把毛巾弄湿！然后从窗口或是阳台大喊“救命！着火了！”并拨打 119。

我还听说，在点圣诞树上的蜡烛时，应该从上往下点燃。这样就不会不小心烧到袖子了。而且不应该往树上挂禾秆星星和缎带蝴蝶结！

对，不过用 LED 灯就不会发生这些意外了。

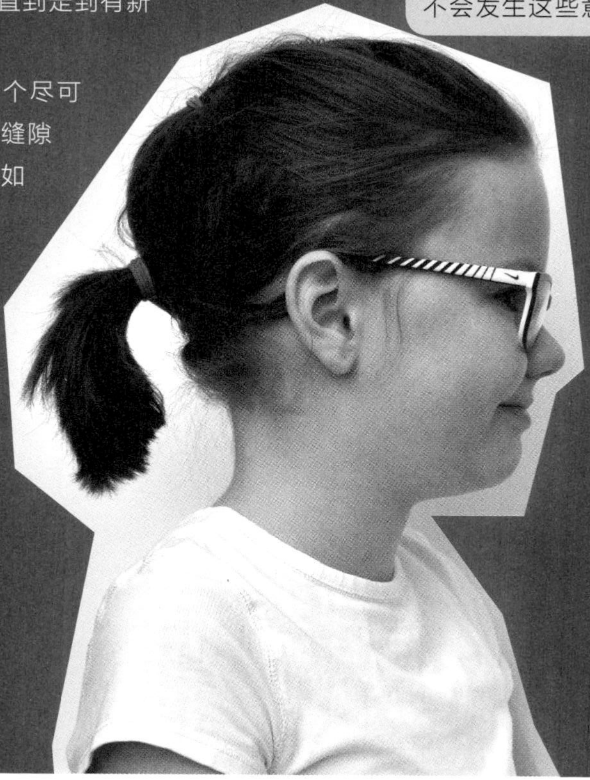

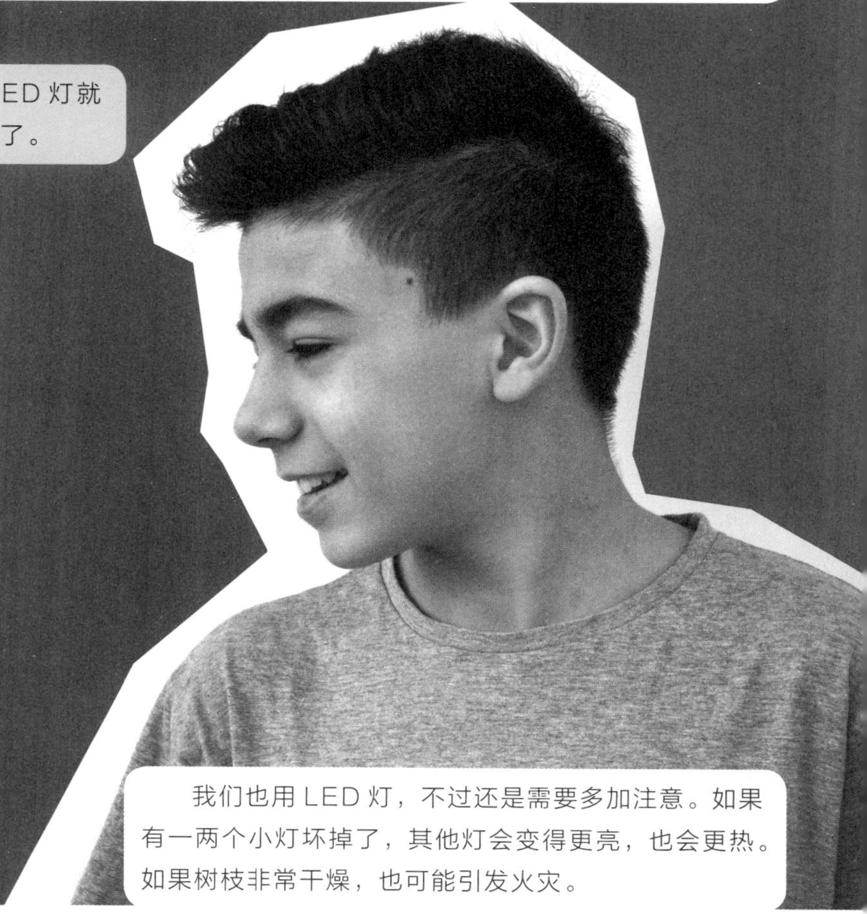

我们也用 LED 灯，不过还是需要多加注意。如果有一两个小灯坏掉了，其他灯会变得更亮，也会更热。如果树枝非常干燥，也可能引发火灾。

尤利娅，11岁

冒险指数评级：

杰姆，13岁

恐惧

任务：晚上独自在家时应该做什么？

相关链接：106-107

我总是会想象某个地方有什么东西藏着。所以我们是这样做的：晚上爸爸妈妈出门之前，我们一起把所有房间检查一遍，把窗户都关上。还会把我不会用到的房间门都锁上，比如地下室的门和阁楼的门。这对我很有帮助，因为这样我就能掌握整个房间的状态了。

你已经非常勇敢了。我在你这个年纪还不敢这样做呢！

算是吧，不过我还是有点儿害怕的。所以我还有另一个绝招，我会打开小时候常听的有声书。这样我就能很快睡着了。

真有意思！我在考试前紧张的时候常会这么做。听着熟悉的声音，我也能很快睡着。

我觉得灯光也很重要。我会把所有的夜灯都打开，床边还要有一盏大灯。

为什么危险？

尽管所有可怕的东西都只是你想象出来的，但从中滋生出的恐惧却是真实的，而且会使你恐慌。

我需要知道什么？

这儿“咔嚓”一声，那儿又“咯吱”作响……有人在那吗？周围很黑，你独自一人，而且……呜哇啊啊……一切都透着古怪阴森。这一幕描述的可不是去墓地的路上，而是在家里。你可以问问自己，为什么这会儿一切都跟白天不一样了？为什么突然能听到奇怪的声音？最主要的原因是，人是群居动物，只有与别人在一起的时候，才会感到格外舒适和安全。一旦落单，糖皮质激素——肾上腺素就会开始分泌。这种激素会让你的所有感官，包括听觉都进入警戒状态。为了不过于紧张，你需要做一些准备。

有一次我还把厨房的收音机打开了，因为我觉得这会吓到闯进来的人，他们会觉得家里有人。我还会把手机放在床边。

还有呢？你在床上会抱毛绒玩具吗？

哈哈！当然了！不然谁来保护我呢？

没错！我也有一个！

诺拉，9岁

梅丽，18岁

怎样做？

一开始不要急于求成，比如可以提前半个小时开始准备。拜托爸爸妈妈带上手机，这样你随时可以联系到他们。如果附近的邻居或是朋友也知道这件事，你肯定会更放松。所以，也可以记下他们的电话号码。这样如果遇到紧急情况，你可以立刻找到他们。你会发现，其实一切都很好，接着你就会感觉自己长高、长大了很多。

还有什么？

稍微观察一下自己，独处的感觉怎么样？能适应吗？如果觉得有点儿不安，那就转移一下注意力，读一本书，或是给朋友打电话，肯定能想到什么办法。等爸爸妈妈回来了，跟他们聊一聊各自的体会。对爸爸妈妈来说，把你一个人留在家里也是一种新体验。如果一切顺利，你们下一次就可以约定一个更长的时间。如果爸爸妈妈会离开好几个小时，你们可以约定，让他们中途打个电话回家。

冒险指数评级：

○ ○ ○ ○ ○

恐惧

任务: 怎样说“不”？

相关链接: 92-93，138-139，142-143，144-145

为什么危险？

说“不”总是没那么容易。比如你有可能被当成扫兴的人，被排斥。

我需要知道什么？

你必须要练习说“不”，这样在迫切需要拒绝的时候，你才能说出口。比如，当有人越过界限的时候，或者有人一定要得到你不想给的东西的时候，又或者有人强迫你做不愿意做的事的时候。

怎样做？

跟家里人约定，每周留出一天，在这一天中每个人都可以随时说“不”。无论会给别人造成怎样的困扰都可以。在这一天你要计划好，在家之外的地方，只要有机会，一定要至少说一次“不”。晚上，和家人交流体会。

还有一个小提示：你们也可以聊一聊，当你自己不能拒绝的时候，怎样找到一个代替你说“不”的人。

你最近一次想要说“不”却没有说，是什么时候？

我们班上有一个人又想抄我的作业。他总是那样做，这让我很受不了，如果不让他抄，他就一句话也不跟我说了。但我真的不想让他抄作业了。可我还是把作业本给了他，这让我很生自己的气。你呢？

我有一个朋友让我跟她爸爸妈妈说，她要去我家睡觉。可是她其实是想去男朋友那里过夜，他家里没人。我觉得这不是一个好主意。但是我害怕如果我不为她说谎，她就不跟我做朋友了。我打算跟姐姐说，她也许有主意。

我觉得跟别人谈这种事很困难，有点儿像打小报告。

当你有困难的时候，一定要跟别人谈一谈。这样可以从不同的视角看问题，能更快地找到解决方式。

还有什么?

无论什么时候，当你遇到自己解决不了的困难时，都应该及时寻求帮助。在生活中有很多可以提供帮助的渠道，能帮助我们解决自己解决不了的问题。例如：在家庭中无论有什么困惑，遇到什么困难，都要说出来，及时寻求父母的帮助；来到学校后，有了困惑，或者受到了威胁等，都要主动寻求老师的帮助；在公共场所，要勇敢地寻求相关人员的帮助。总之，无论遇到什么困难与危险，在需要的时候，都可以向可信赖的成年人寻求帮助。负责任的成年人，可以帮助我们远离诱惑、压力和危险。

可是，不想跟父母说的时候，怎样能找到一个真正理解我的人呢?

每个人家里都有一个你最喜欢的人。你不觉得吗?我在学校遇到困难的时候，曾经跟辅导老师谈过话。

艾米莉亚，10岁

冒险指数评级：

莫娜，12岁

恐惧

任务：怎样抵抗霸凌？

相关链接：136-137，138-139，140-141，142-143，144-145

被排斥的人总是跟其他人不太一样。

你觉得，被霸凌的人是自己有问题？

不是，我不是这么想的。但是霸凌者会去找跟其他人不太一样的人欺负。比如，有的人走路、说话的样子很奇怪，有的人可能吃饭的样子很奇怪，有的人身上味道不好闻或者行为举止有点怪。这些人都很容易成为霸凌者的目标。

太坏了！

就是。我也经历过类似的事，当时我是班上个子最小的孩子。我哥哥跟我说，如果他们下一次又叫我“小矮子！”我就喊回去：“别自言自语了！”他们笑得让人很不舒服，但是没有回答我。

这样就能让他们不喊了吗？

我很幸运，另一个班上有一个个子特别高的女孩跟我交了朋友。那些人还拿我们两个开玩笑，因为我们俩站在一起看起来很滑稽。但是我们并不在意，因为我们不在意，所以别人也就不再说了。

为什么危险？

霸凌总是伴随着暴力。霸凌者会嘲笑、威胁、辱骂、羞辱受害者，使受害者感到绝望无助。

原因是什么？

霸凌者是这样一种人，只有当他们把别人踩在脚下的时候，才会觉得自己很了不起。那些和别人不太一样的人，很容易受到霸凌。只要有同学和别人穿的衣服不一样、长得不一样、说不一样的话、做不一样的事，就会成为霸凌者的目标。有时候父母过于关心孩子也会导致霸凌，因为过度保护会导致孩子不合群。

我需要知道什么？

被排斥的人，需要得到支援，越早越好。许多受害者担心遭到报复。但经验显示，这种担心大多数时候是不必要的，因为多数霸凌者面临惩罚时，就会停止霸凌。

我们班有一次是这样的，班上最受欢迎的女孩跟被霸凌的女孩做了朋友。她说：“谁还想跟我做朋友，就要对我的朋友安娜好。”你真该看看，当时所有人都开始说，他们其实都很喜欢安娜。

爱丽丝，11岁

马克西米利安，10岁

什么可以阻止霸凌？

孩子们通常在学校里遭遇霸凌，因此问题也只能在学校里解决。理想情况下，学校应该设置清晰、有约束力的规则，不遵守规则的人要承担后果。这样，当霸凌者面临惩罚时，就会减少霸凌行为。如果你遇到霸凌，学校却不能解决问题，通常就只能转学了。

还能做什么？

老师可以通过高难度的任务转移霸凌者的注意力。这样他们就会不得空闲，没有心思再去欺凌别人了。

冒险指数评级：

贴纸

你觉得什么很危险？什么不危险？你可以用贴纸为书中的任务进行危险评级，当你完成了一项任务，就可以在○处贴上这枚✔贴纸。如果你觉得这项任务毫无挑战性，就把贴纸贴在上。如果能完成，但并不是特别容易，就贴。遇上难啃的骨头，就贴。如果你还不敢做这项任务，就贴。明白了吗？赶紧开贴吧！

每日大冒险

倒立
走四步

游过
300 米
距离——
不触池底

倒着走
10 分钟

四小时
不说
一句话

一天
不上网
不玩手机

用另一只手
做一切事：
写字，吃饭，
喝水，剪切
……

夸赞一个
你不认识
的人

承认自己
说过的
一个谎话

跟一个
想认识的
人搭话

用冰水
淋浴

咬一口
柠檬

穿着两只
不一样的鞋
去公共场合

一整天
只吃白色的
东西

勇气挑战

勇气是这样一种东西：你用得越多，就会越强大。当你变得勇敢，你会发现，大

部分事物完全不像你想的那样可怕。相信自己！这样，生活就会变成一场冒险，你会变得越来越勇敢自信！

夜晚

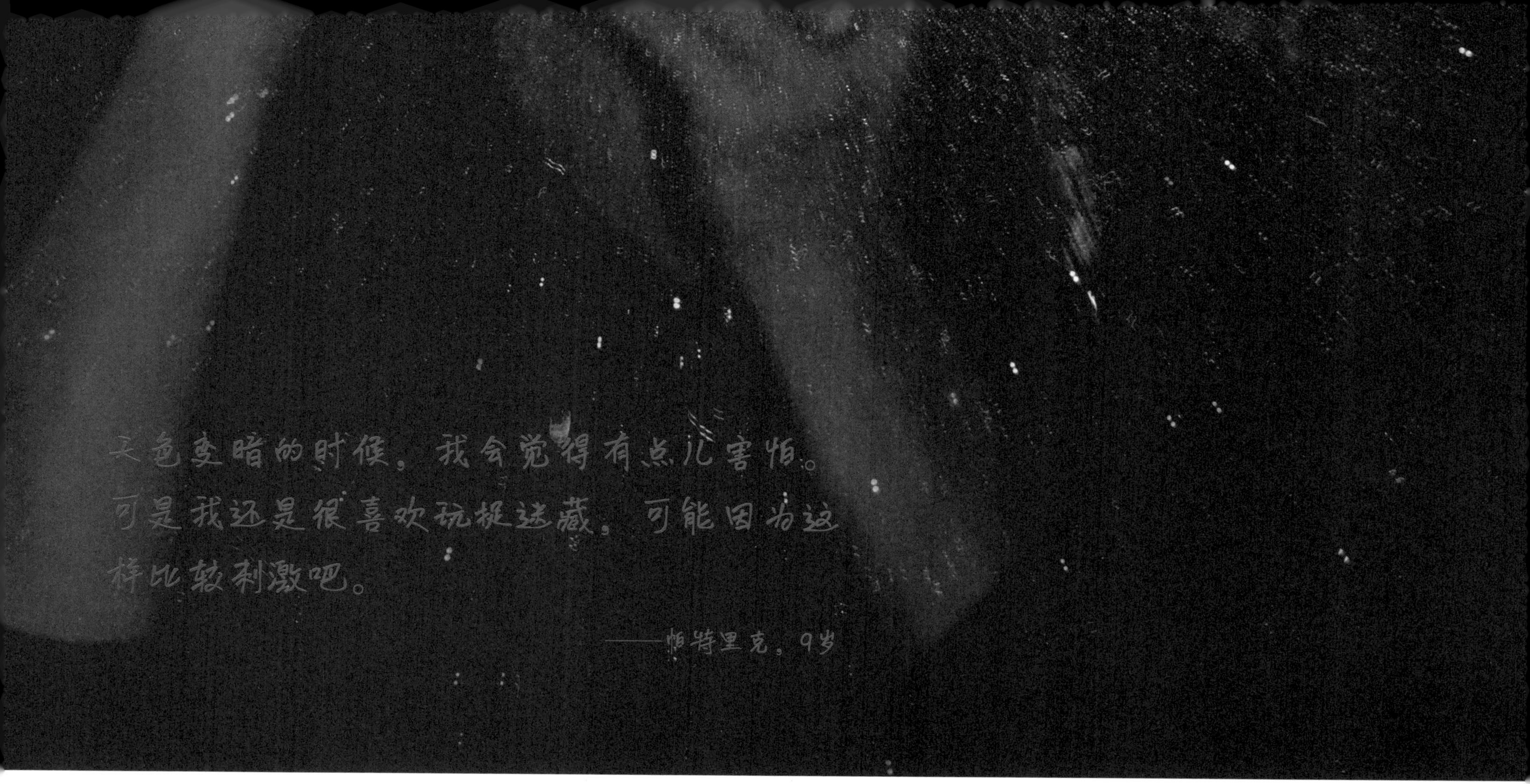

天色变暗的时候，我会觉得有点儿害怕。可是我还是很喜欢玩捉迷藏，可能因为这样比较刺激吧。

——帕特里克，9岁

夜晚

任务：怎样在露天过夜？

材料：塑料薄膜（1米 ×2.5米），睡垫，睡袋，毯子，手电筒，暖和的毛衣，帽子，驱虫剂

相关链接：16-17，104-105，130-131

为什么危险？

首先，许多陌生的声音会让你毛骨悚然。这边传来“咯吱”一声，那边又有猫头鹰叫，远处传来猫叫……呜哇啊啊啊！不过别怕，你会适应的。

我需要知道什么？

在德国，不是哪里都允许露天睡觉的。自然保护区和居民区是禁止户外过夜的，而花园或郊外则允许户外过夜。

怎样做？

先看看天气预报，温暖干燥的夜晚是最好的选择。第一次露营的最佳选择是花园。选一个尽可能安静、干燥且避风的地方，铺开塑料薄膜，它可以隔绝土壤的潮气，接着把睡垫铺在薄膜上。躺下试试，拿掉可能会硌着你的小石子和小木棍。在

睡垫上放上睡袋和毯子。把手电筒放在触手可及的地方。此外还有很重要的一点，额外带一件毛衣外套，等你夜里想上厕所的时候可以披着。你还需要一顶帽子，当早上气温降低时，可以防止体温从头顶散失。在你躺下睡觉前，记得喷上驱虫剂，防止那些饥饿的家伙们靠近你！

还有什么值得注意？

在野外过夜当然比在公园露营更刺激，但需要注意安全。森林边缘的一棵树下或灌木丛旁是理想的可以遮风的睡觉地点。带上一些食物和饮料，可以让你的冒险旅程稍微舒适一些。注意！不要在野外生火，第二天早上离开时别忘了带走垃圾。

我梦想着能在开阔的天空下度过一整个夜晚。

——西瑞，13岁

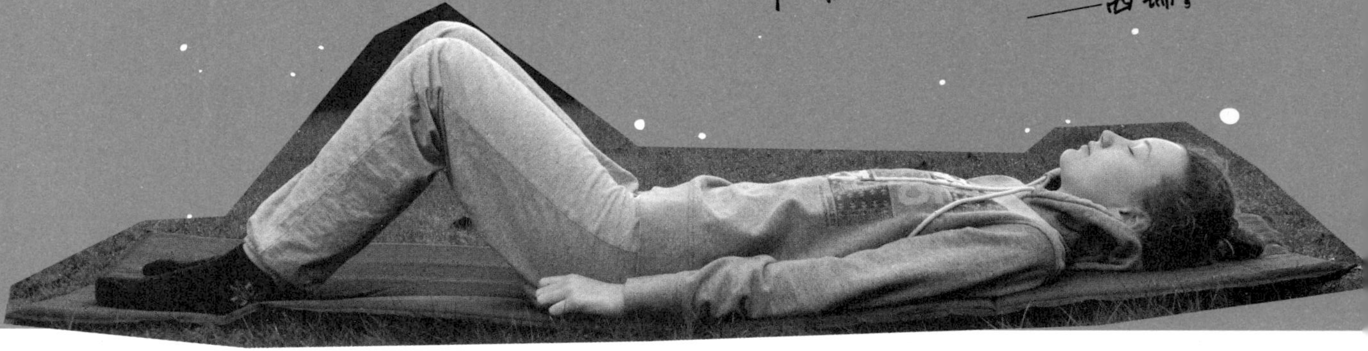

挑战指数评级：

夜晚

任务： 怎样在外夜游？

材料： 结实的鞋子，手电筒

相关链接： 102-103，106-107，126-127，128-129，130-131

为什么危险？

随着室外天色变暗，可见度也会变低。你选择的路线也可能会很吓人。

我需要知道什么？

你一定有过这样的体验：从明亮的房间走到暗处，起初你会什么也看不到。你的眼睛需要大约一分钟的时间切换成夜间模式。为此，瞳孔会放大，以便更多光线进入眼睛，然后，你的眼睛会更快地适应黑暗。但在黑暗中你看得不会像白天那么清晰。这是因为在黑暗中，视网膜只有部分区域起作用。例如，负责清晰视野的视网膜中心区域，在黑暗中就是关闭着的。此外，在黑暗中眼睛也会失去识别色彩的功能，因此你看到的一切都只是黑白色的。

怎样做？

至少两人结伴。选定一条你们都熟悉，但在夜间没有照明的路线，可以是城市公园里的小径、树林里或者田间的小路。为了追求刺激，你可以选择光线较暗的新月之夜。记得穿一双结实的鞋子，因为在黑暗中你会很容易跌跌撞撞。为了使你的体验更好，你还应该带上手电筒和手机，但这两样

东西只能在紧急时刻使用。因为你的视力只有在黑暗中经过30分钟的调整，才能达到最清晰的状态。

此外，试着尽可能不说话，注意听你周围的声音：自己的脚步声、树枝的断裂声、树叶的沙沙声以及动物的声音。

还有什么？

在和朋友结伴夜行时，你可以用夜光颜料给石头涂上颜色，然后沿途放在路上，这样它们就可以在夜间为你们指路了。但要注意，这只适用于月光明亮、天上无云的夜晚。

挑战指数评级：

猫是夜行动物，
你在夜游中没准会遇到几只。

夜晚

任务： 怎样整夜保持清醒？

材料： 舒适的衣服，书，手电筒，零食和饮料

相关链接： 88-89，104-105

为什么危险？

长期睡眠不足会让人生病，因为它会使免疫力降低。生长激素在夜间的分泌也会受到阻碍，而生长激素正是你长个子需要的。

怎样做？

熬夜听起来很棒。但是夜越深，困意越浓。如有必要，你可以通过刺激感官来保持清醒。例如，你可以使用以下技巧：

1. 嚼口香糖。
2. 喝冷水。
3. 闻薄荷油。
4. 用冷水洗脸。
5. 轻轻往下拉耳垂。
6. 转转眼球。
7. 掐自己的手臂或膝盖。
8. 反复握拳再松开。
9. 用脚轻轻踏地板。
10. 吃柑橘类水果。
11. 去外面呼吸新鲜凉爽的空气。
12. 离开过于舒适的家具，比如床或沙发。

还有什么？

准备一张便签和一块表。这样你可以每30分钟记录一次时间，并写下你的感受。

我需要知道什么？

熬夜过后的第二天，你可能会非常困倦，也许心情还会变差，甚至头痛。这些都是睡眠不足的后果，休息好之后这些症状就会消失。但这天晚上你一定要准时上床睡觉，否则你的整个睡眠节奏都会变得紊乱。

你知道吗？人不吃饭
比不睡觉活得更久。

挑战指数评级：

在路上

我觉得火车比飞机好。因为人们可以在火车上看到更多事物，还能适当活动。不像飞机上那么无聊。

——露兹，14岁

在路上

任务：怎样爬上一面高墙？

材料：软底运动鞋

相关链接：112-113

为什么危险？

面对沥青、混凝土和石头可容不得任何失误。如果把城市当作游乐场，你身上一定少不了划痕、淤青和擦伤。

怎样做？

你最好使用跑酷 * 老手的招数：三步起跑，第三步落在墙上齐腰高的地方（想象自己要跳进墙里）。也就是说，从地上跃起，用一条不完全伸直的腿蹬墙。蹬墙时只用前脚掌接触墙壁，以使身体向上弹出。如果在起跳时尽可能向上摆动双臂，你可以获得额外的动力。你可以循序渐进，慢慢尝试。第一次可以试着直接原地往墙上跳，再用脚向上攀登。成功之后，再加上助跑。如果你感觉到过强的反冲力，觉得自己要被墙壁推开，那么可以试着找到更好的起跳角度，直到能够获得向上的动力。

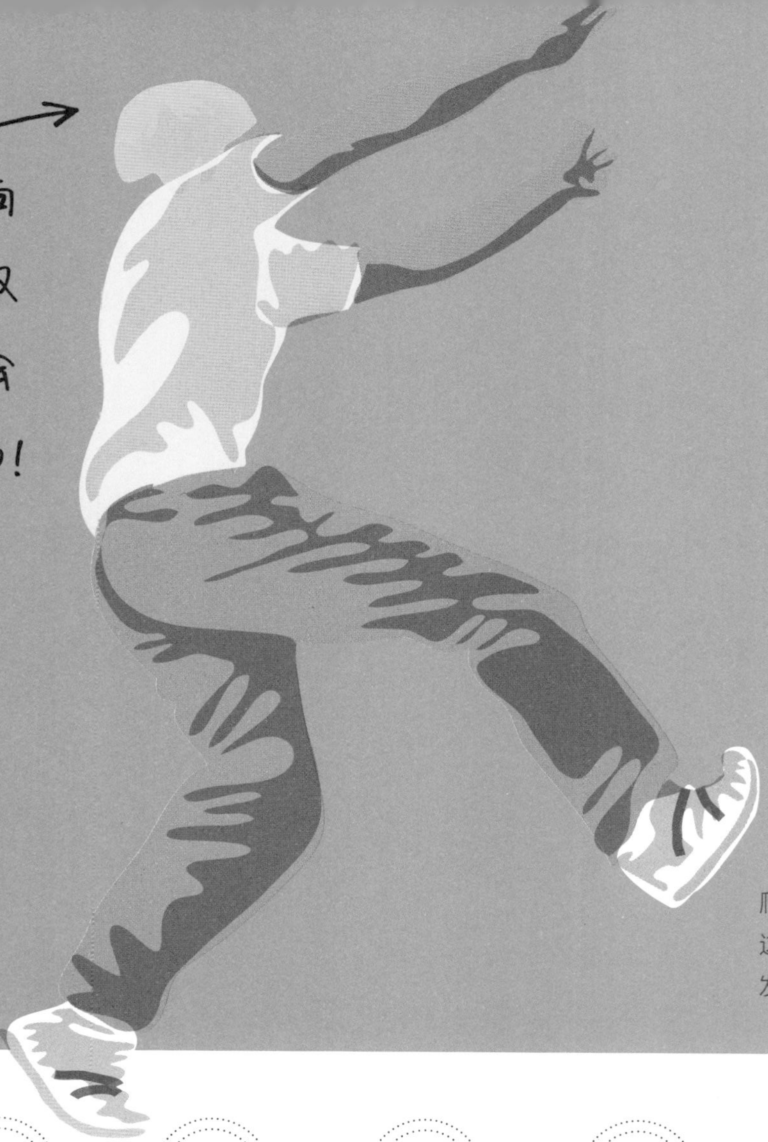

获得向上的动力的目的是使双手能够够到墙头，以便把自己拉上去。这需要很大的力气和一些技巧，所以你需要反复练习。

上半身挂到墙头上之后，朝墙头另一边探出身体。为了做到这一点，你可以换一下手，让身体倚在墙上。这样你就可以把自己撑起来，成功上墙。

* 跑酷就是利用城市的各种物体进行攀爬、平衡以及跳跃。对跑酷爱好者而言，这是一种游戏，但有些人认为这简直就是发疯，因为实在太过危险。

挑战指数评级：

在路上

任务：怎样在窄墙上保持平衡？

材料：结实的鞋子

相关链接：110-111，114-115

为什么危险？

你可能会失去平衡，从墙上摔下来。不过，只有在非常高的墙上才会有真正的危险。

怎样做？

每个人的身体都有一个重心。要想在墙上保持平衡，就要保证身体重心位于墙壁的正上方，否则你就会掉下来。找准重心并不太容易，因此需要发挥手臂的作用。如果你的身体向左歪，你可以伸出手臂，立刻使重心移向右边。在你掌握技巧之前，找一个帮手握住你的手，这样可以防止你失去平衡从墙上掉下来。

身体的重心必须处于墙的正上方。

这有什么好玩的?

多尝试保持平衡有利于训练平衡感。这与大脑的活动相关，你的大脑会逐渐发展，使你越来越熟练。你的数学成绩甚至也会随之提高，因为数学思考和保持平衡在大脑中是完全一样的过程。

还有什么?

当天气转暖，你可以在公园里看到一种叫扁带的器械。这是一种特制的绳索，绷紧固定在两棵树上。它很实用，因为你可以在上面练习平衡。而且扁带能带给你很好的挑战性，它最多只有 5 厘米宽，在行走过程中会左右晃动，还会往下弯。

一开始有人扶着会很有帮助！

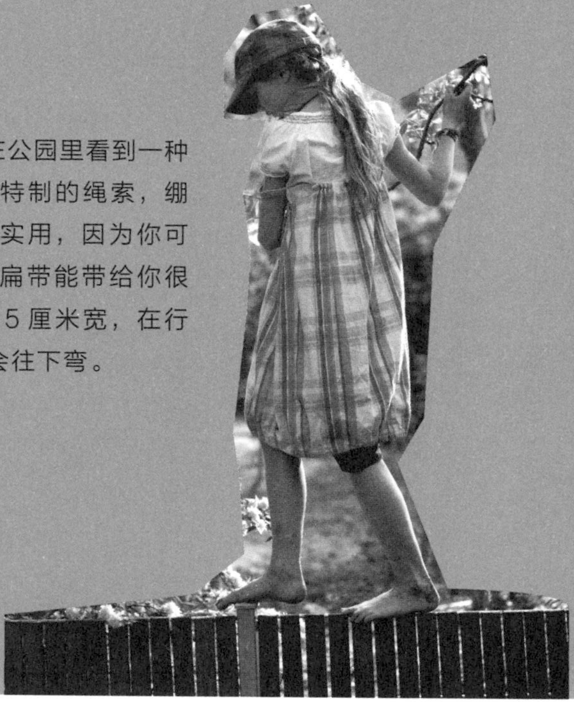

莉丝安妮，9岁

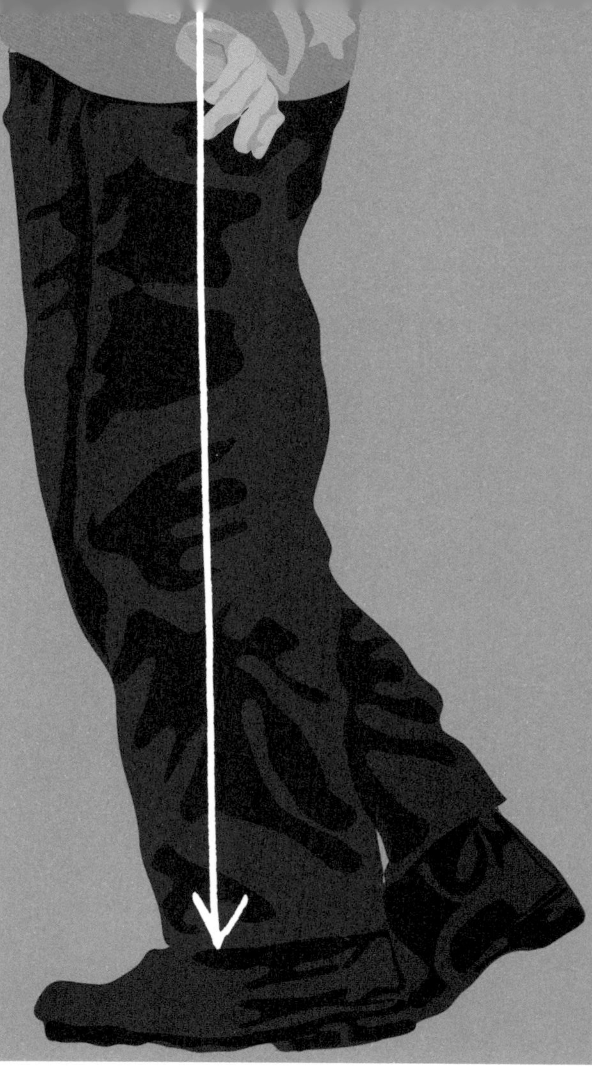

挑战指数评级：

理想的鞋子应该轻便、合脚，并且有柔软的橡胶鞋底。

在路上

任务： 怎样在骑车的时候放开双手？

材料： 自行车，空旷的场地

相关链接： 84-85，112-113

放开双手骑车需要一定的速度。
如果骑得太慢，就会摔倒。

为什么危险？

如果骑车时放开双手，一旦遇到紧急情况，你几乎没有时间重新握把，而这会严重妨碍你迅速躲避或制动。在公路上骑车时是禁止双手离开车把的。

我需要知道些什么？

你一定以为放开双手骑车时，平衡感是最重要的，但事实并非如此。能不能在骑车时放开双手，取决于骑车的速度是否够快。因为在高速行驶时，自行车不会倾倒，此时自行车的两个车轮就像两个巨大的陀螺，它们一旦开始转动，就很难改变状态。这就是所谓的陀螺效应。因此你可以在高速行驶的自行车上双手松开车把而不会摇晃。

怎样做？

你能把双手放在车把上熟练又安全地骑行吗？如果可以，你就能尝试双手放开车把骑行了。寻找一片没有车的空地，比如空旷的公园或是田间小道，然后开始骑车。骑行一小段距离后，你可以先放开一只手。要从哪只手开始，由你自己决定。另一只手需要先控制好车把。当你感觉一只手握把足够安全，并且能轻松骑行时，就可以尝试放开另一只手了。一开始先把手放在离车把几厘米远的地方。这样当你感觉不安全时，可以立即抓住车把。成功之后，你可以尝试将双臂伸向两边，这样你就能像高空秋千上的杂技演员一样稳稳地骑行了。不要盯着自行车把手，而是直直地看路。当你能安全掌握时，就可以放下手臂了。

骑独轮车一点儿也不容易。可是一旦成功，你就会感到无比骄傲！

芬雅，10岁

挑战指数评级：

在路上

任务: 在马路上戴耳机走有多危险?

材料: 放着音乐的耳机，秒表，小纸箱，剪刀，一个朋友

相关链接: 126-127

自从知道听力会受到这么大的影响之后，我走在路上时就再也不戴耳机了。

——波拉，11岁

为什么危险？

戴着耳机在马路上走非常危险，因为你无法及时听到汽车、公交车以及其他交通工具的声音。等车都到了眼前才做出反应，往往已经太晚了。

我需要知道些什么？

直到现在，在走路、骑自行车、骑摩托车和驾驶汽车时戴耳机的行为依然没有被禁止。但如果由于戴耳机听音乐造成或没能避免交通事故，人们还是会因此受到惩罚。

怎样做？

用纸箱可以防止你看到手机和手，这样你们之中有一个人就能在不被发现的情况下按下秒表。剪掉盒子较窄一侧的盖子，然后在侧面切一个开口，以便手能伸入。

和朋友一起去一个交通繁忙的十字路口，两个人背向车流站着。一个人戴上耳机，播放音乐并调大音量，没有戴耳机的人拿着盒子，准备开始计时。约定一个手势开始测试。没有戴耳机的人在听到一辆车的声音时悄悄启动秒表。当戴耳机的人听到这辆车的声音时，举手发出信号，这时停止计时。看一看，戴耳机的人延迟了多少秒才听到车声。

还有什么值得注意？

在不同的地方重复这个实验。看看戴着耳机在交通繁忙的街头听音乐会产生什么样的影响，在只有自行车和行人的道路上又会产生什么样的影响呢。

从这里把手伸进盒子！

挑战指数评级：

任务：怎样独自搭乘公共汽车或地铁？

材料：车票，手机

在路上

为什么危险？

如果你上错了公共汽车或地铁，可就到不了本来想去的地方了。

我需要知道些什么？

搭乘公共汽车的时候，你需要提前准备好零钱或者公共交通卡。搭乘地铁前，你需要提前准备好地铁票或者公共交通卡，根据你所在城市的情况，你可以通过自动售票机或直接从售票窗口买到车票。另外，很多城市已开通对应的公共交通出行APP。

记得提前查好路线，旅程越远，越有可能需要换乘。

每个城市的自动售票机和收费标准都不一样。

怎样做？

查询你所在城市中最美丽或最有趣的路线。你也许能找到一条环形线路，这样你就可以在一个站点上车，绕行一大圈后又在同一个站点下车。

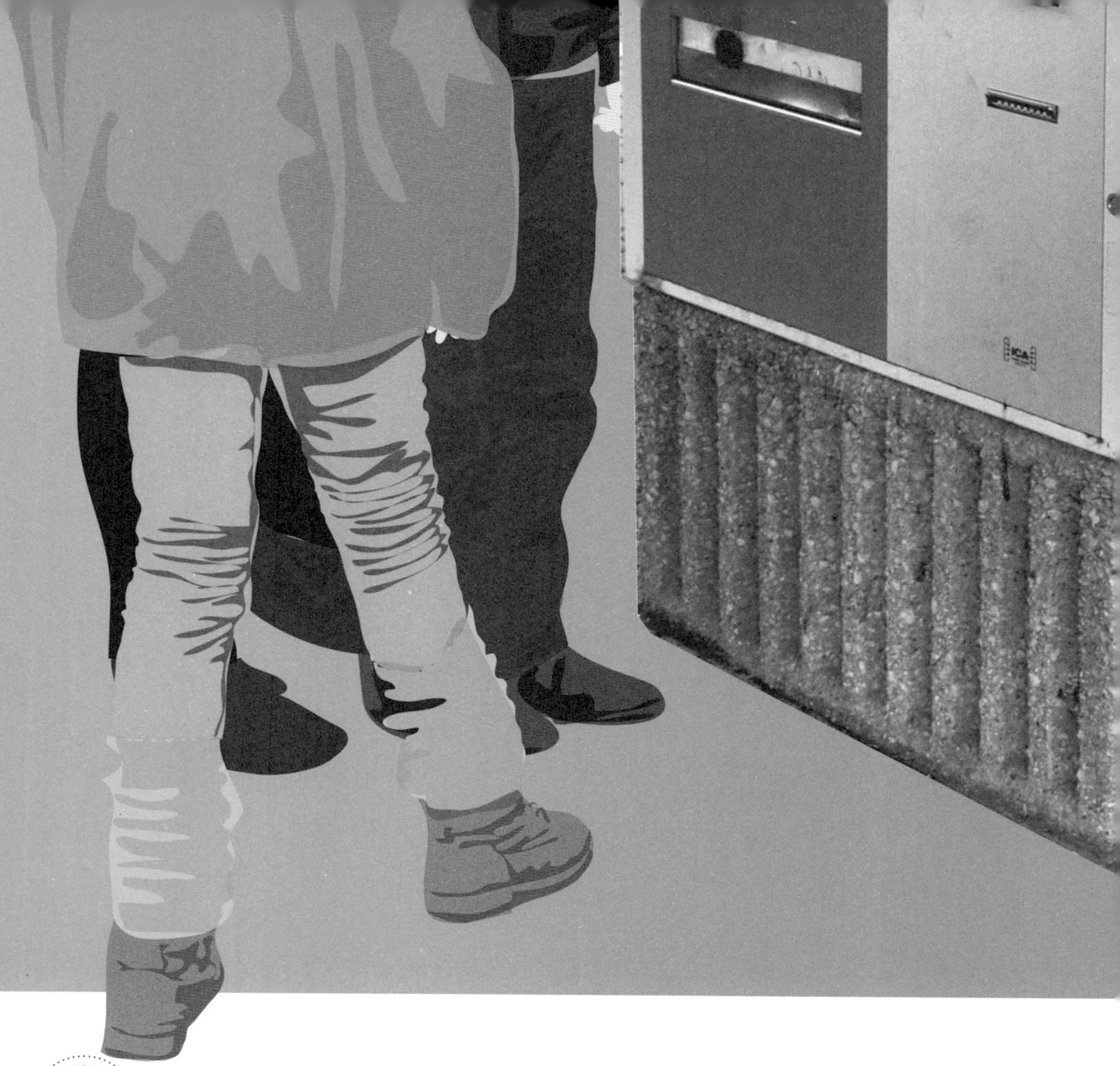

挑战指数评级：

○ ○ ○ ○ ○

身体

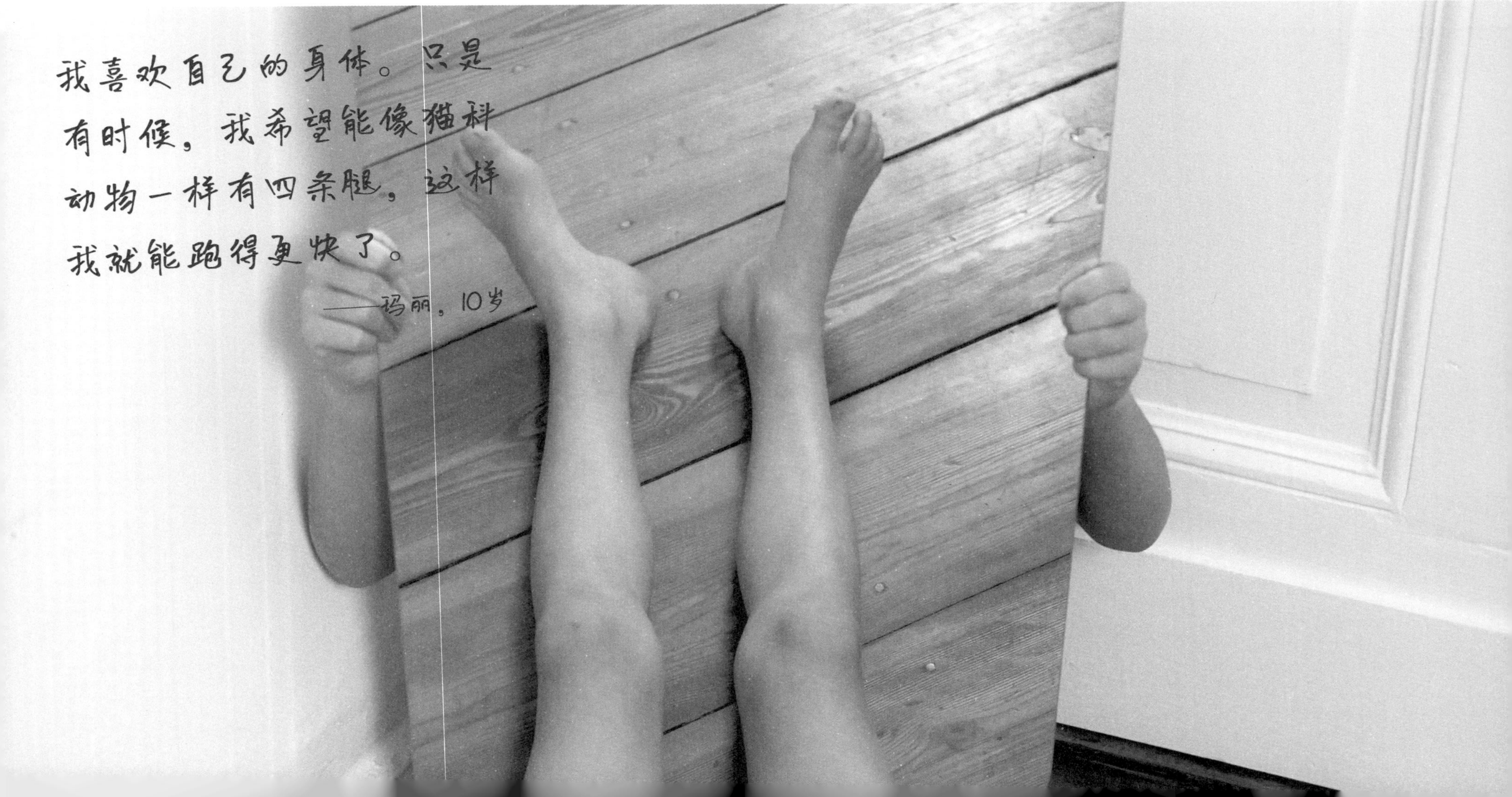

我喜欢自己的身体。只是有时候，我希望能像猫科动物一样有四条腿，这样我就能跑得更快了。

——玛丽，10岁

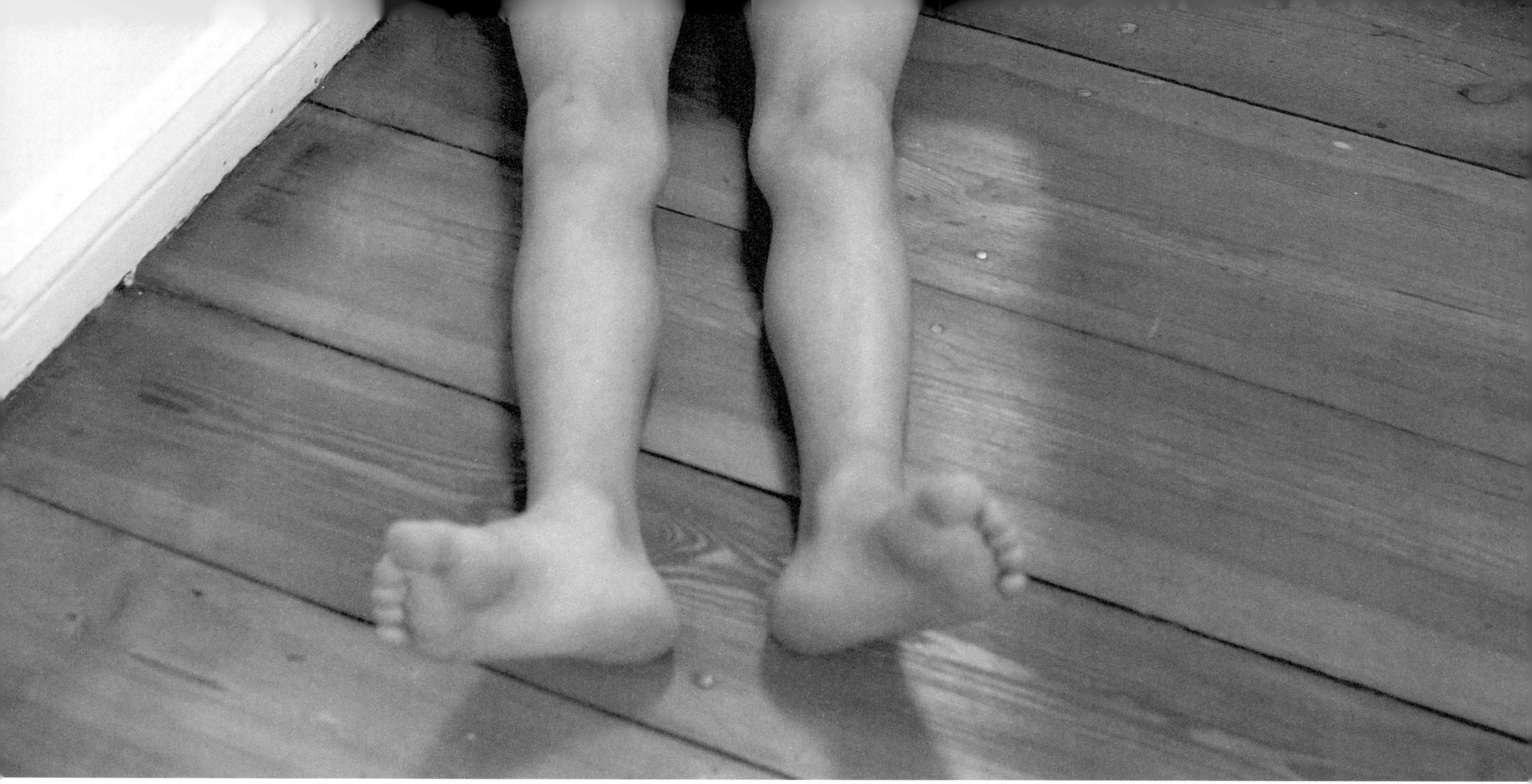

任务： 怎样用手拿蜘蛛？

材料： 一个玻璃杯，一张卡片，一只活蜘蛛

相关链接：12-13，16-17，54-55，62-63，64-65，124-125，130-131

蜘蛛会像机器人一样突然行动，这让人毛骨悚然。

为什么危险？

在全球近 40000 种蜘蛛中，大约只有 20 个热带品种对人类有危险，在中欧则一种都没有。德国的蜘蛛只会对小昆虫造成威胁。尽管如此，许多人还是害怕这种八条腿的怪物。

原因是什么？

恐惧其实是有益的：它能保护我们远离危险，阻止我们干傻事。但是为什么我们明明知道一些东西一点儿都不危险，却还是害怕呢？研究人员认为，有可能是我们的祖先对蜘蛛的恐惧遗留在了我们体内。几十万年前的蜘蛛足有一个家庭装比萨饼那么大，那些不害怕这种怪物的人都被咬死了。一些心理学家猜测，不仅是基因导致了我们这种多余的恐惧，童年经历也是一个原因。如果父母害怕蜘蛛，孩子也会习得这种恐惧。

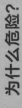

怎样做?

要做这个实验，最重要的是先找到一只蜘蛛。去哪里找蜘蛛呢？当然是去蜘蛛喜欢待的地方进行搜寻。蜘蛛喜欢藏在可以用蜘蛛网轻易捕捉昆虫的地方，可能是花园里的一棵灌木上，也可能是阁楼或者地下室少有人去的角落，这些地方都有可能找到蜘蛛的身影。还有一个好地方，那就是柴火堆。

如果你发现了蜘蛛，就用玻璃杯扣住它，然后把一张卡片从玻璃杯下面插进去，这样蜘蛛就被困住了。现在你可以轻轻地把它从杯子里倒出来，放到你的手里，感受它从你手上爬过的感觉。

这里是蜘蛛豪宅！

挑战指数评级：

任务： 怎样用针穿破皮肤？

材料： 几根干净的极细的针，厨房抹布

相关链接： 12-13，54-55，62-63，64-65，122-123，128-129，130-131

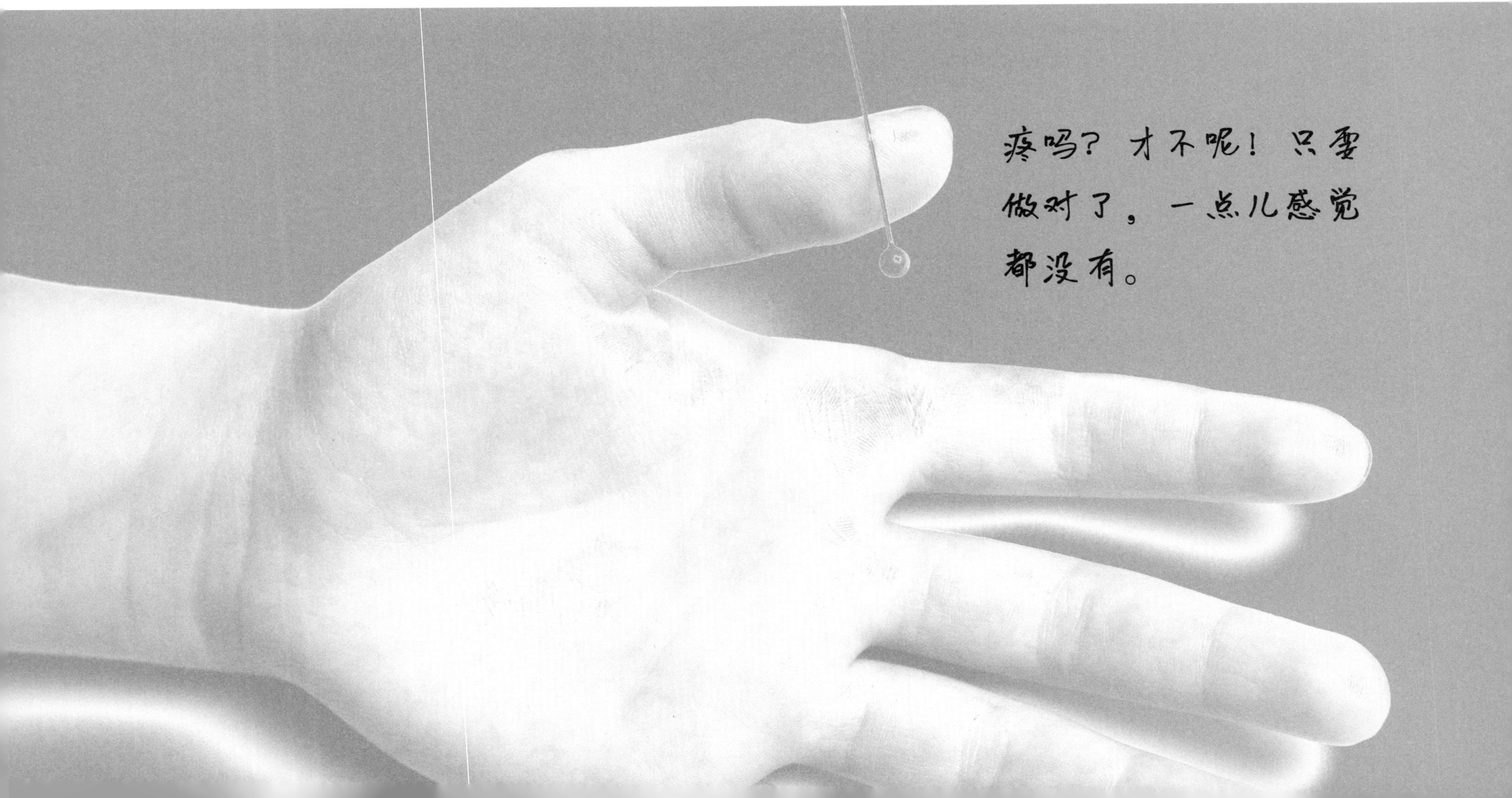

为什么危险？

使用针的时候，你可能会刺伤自己，那真的很痛！

我需要知道些什么？

人有两种不同类型的皮肤：一种是手掌和脚掌上那种有韧性的、无毛的皮肤。这些区域的皮肤日常受到的压力较大，因此也比较厚实。身体上其他部分则分布着另一种皮肤。这些地方的皮肤通常比手心的皮肤更加敏感，但不同部位的敏感度不同。比如，你的肚子可能比较怕痒，但后背就没有那么敏感。

我应该怎样做？

如果你从来没有使用过针，你应该先用厨房抹布练习一下。慢慢地、小心翼翼地把针穿过织物表面的一层。这样当你放开手时，针依旧挂在织物上。你是不是已经毫无困难地掌握了这个小技巧呢？你注意到刚才穿针需要多么专注，手需要多么稳了吗？接着你就可以在自己的皮肤上试试了。首先仔细看看手心，也许能找到一些老茧，这些皮肤较厚的区域特别适合做这个小尝试。不过，即使手心没有老茧，也能无痛完成。

你可以选择手指尖，让针与指尖平行，因为你并不想刺进手指，而只需要触碰最外层的表皮即可。然后非常小心地从侧面将针刺入皮肤。你会发现，你仅仅用针就可以把指尖的皮肤往上挑，而碰到的皮肤甚至不到一毫米厚。注意！你不应该觉得疼，否则就是刺得太深了！小心地把针再往前推，这样针就会穿过一小块皮肤。然后你就可以松开针了。砰！

挑战指数评级：

身体

任务： 怎样蒙着眼睛做事情？

材料： 眼罩

相关链接： 104-105，116-117

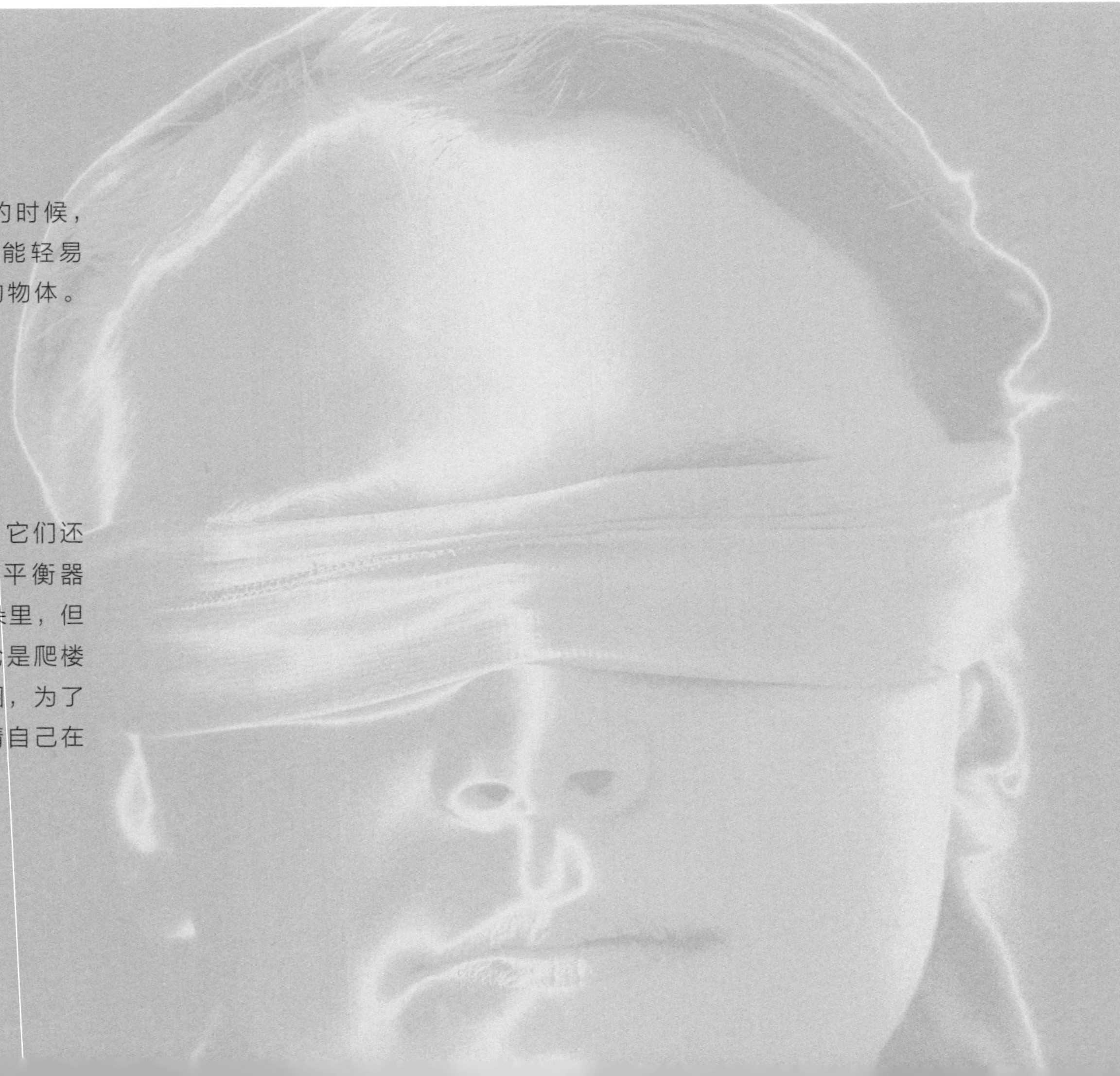

为什么危险？

当你突然之间什么都看不见的时候，你会觉得很不安，因为你再也不能轻易避开障碍物，也很容易撞到周围的物体。

我需要知道些什么？

眼睛不仅仅是用来看东西的，它们还能帮助你保持平衡。虽然真正的平衡器官——你的前庭系统——其实在耳朵里，但是眼睛也能帮助你保持平衡。无论是爬楼梯，从墙上跳下来，还是原地转圈，为了不丧失平衡感，你需要用眼睛看清自己在做什么。

我应该怎样做？

在房间里用围巾蒙住闭上的眼睛。现在试着去厨房，找齐做果酱面包需要的所有材料。当你成功完成这项任务，你就可以在晚上尝试更难的挑战，从晚饭开始到睡觉时，蒙眼完成所有要做的事情。

还有什么？

试试做飞行员实验，蒙着眼睛坐在旋转椅上，让朋友疯狂地旋转椅子。这样做可以测试飞行员们对飞行压力的适应情况。即使在睁开眼睛的情况下，你也会被转得头晕目眩。闭上眼睛情况会更加糟糕，因为你无法找到旋转的参照物。当你把眼罩摘下来时，你甚至连几步直线都走不了。

下次过生日的时候，我要和朋友们在黑暗中吃饭。

——本，9岁

挑战指数评级：

任务：怎样赤脚在小石头上行走？

材料：背包

相关链接：104-105，124-125

脚掌上分布着许多神经和血管。因此赤脚走路会使你的脚掌上长出许多老茧。这样你踩在小石子上就不会觉得痛了。

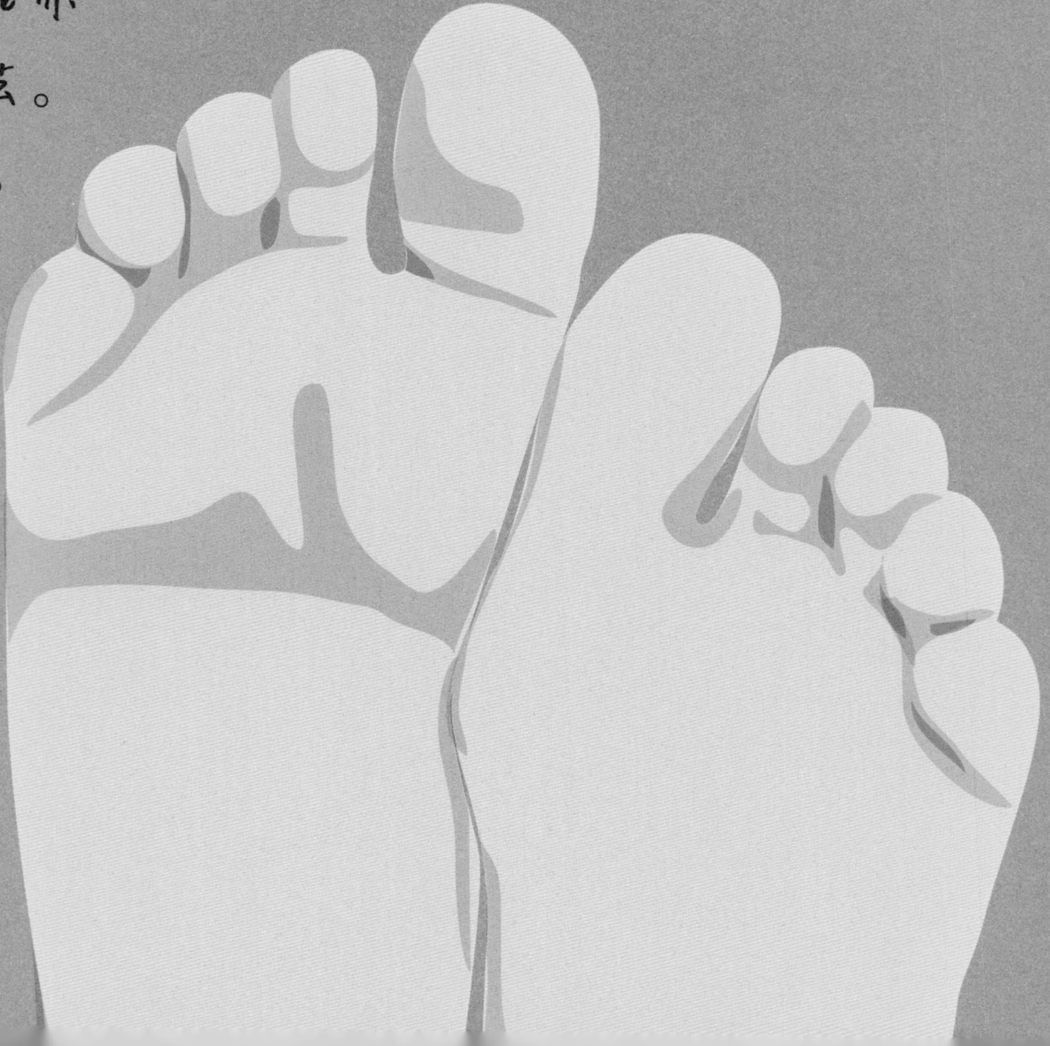

为什么危险？

如果赤脚踩到钉子、植物的刺或是碎玻璃片，会很疼。如果没有及时用正确的方法清理伤口，还会发炎。

我需要知道些什么？

经常不穿鞋子和袜子奔跑可以使你长许多肌肉。这是因为赤脚走路时，脚必须不断地适应各种不同的表面。例如，在柏油路和松软的草地上奔跑时会使用不同的方法，在烫脚的沙子和凉爽的石板上行走的方式也不一样。在小石头上行走时，身体会自动将重量转移到不那么敏感的脚掌外缘，并且用力扣紧脚趾，使得足弓绷紧。

我应该怎样做?

在温暖干燥的日子，找一个地面类型尽可能多的地方，比如操场或公园。把鞋子和袜子脱掉，放进背包里，然后在不同的路面上进行测试。小石头或松塔会让你感觉很痒，然后你可以踩在柔软的沙子或苔藓上放松一下。你会发现，赤脚行走会让你的脚底变得越来越硬。

还有什么值得注意?

当你看不见自己将要踩的地面时，你就无法预测自己接下来的感觉，这会使你的脚底变得格外敏感。你可以跟朋友约定，一个人蒙住眼睛，在另一个人的带领下慢慢前行。

露兹，14岁　拉娜，6岁

挑战指数评级：

身体

任务： 怎样处理荨麻？

材料： 荨麻

相关链接： 54-55，102-103，104-105，124-125

为什么危险？

荨麻会让你的皮肤产生火辣辣的痛感！触碰荨麻后，皮肤上会出现一种白色的小肿块，非常疼，要等好几个小时才会消去。

我需要知道些什么？

这种植物从茎到叶都覆盖着细小的、透明的刺毛，到处都是。只要轻轻一碰，刺毛就会断裂，喷出一种酸性物质。与此同时，刺毛锐利的边缘会划开皮肤使酸液渗入。为什么会这样？因为荨麻可以通过这种方式抵御捕食者。

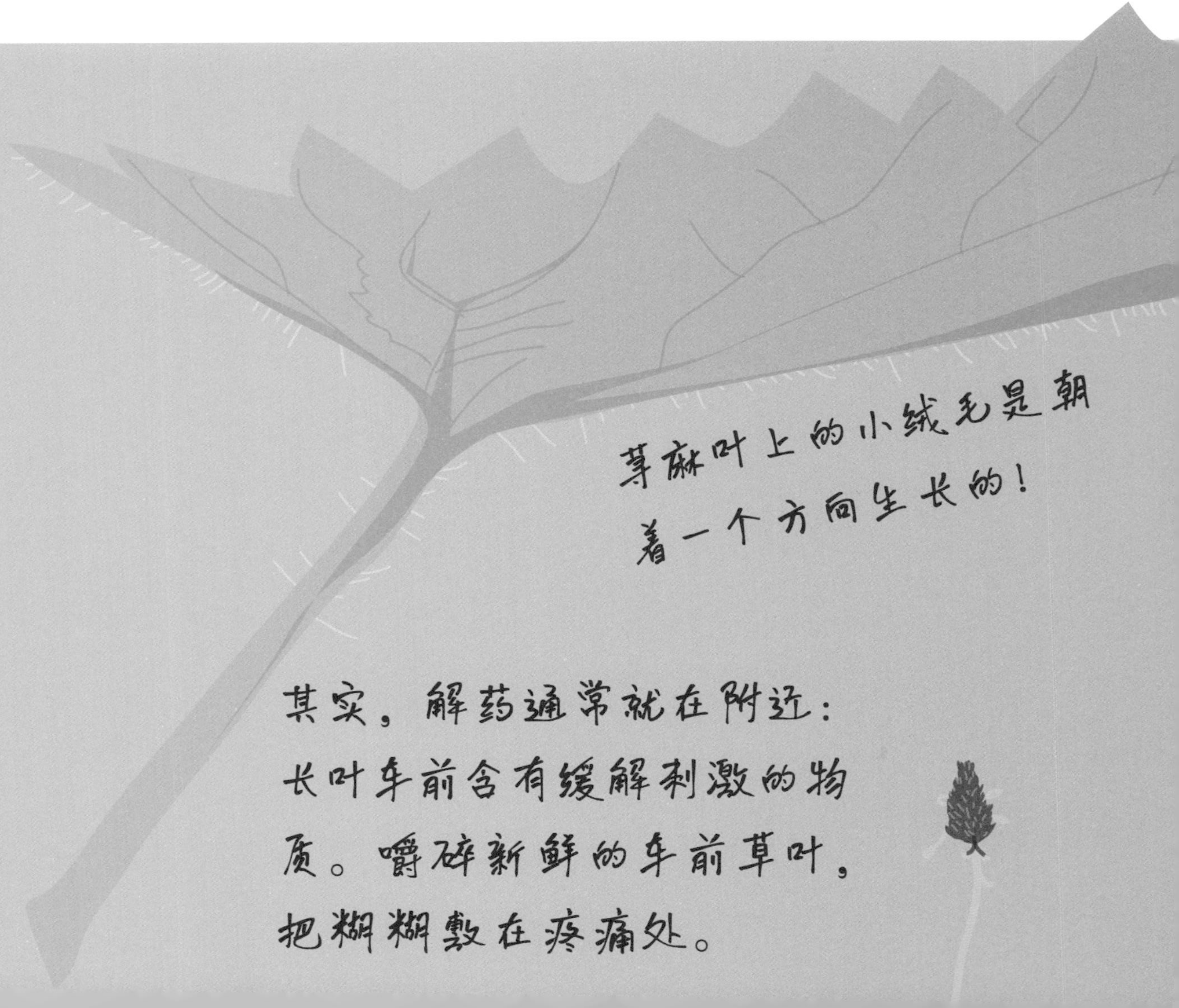

荨麻叶上的小绒毛是朝着一个方向生长的！

其实，解药通常就在附近：长叶车前含有缓解刺激的物质。嚼碎新鲜的车前草叶，把糊糊敷在疼痛处。

我应该怎样做?

用一根手指小心地触碰一片荨麻叶。注意！要从末端摸到顶端。因为就像皮毛一样，荨麻叶上的绒毛有特定的生长方向。知道了这个窍门，你甚至可以从上到下抚摸整株植物而不被扎伤！

然后呢?

为了测试勇气，你可以用几片树叶摩擦手背或前臂，以使刺毛断裂。观察你的皮肤会有什么反应。灼痛感有多强？有没有变红？皮肤上有小肿块吗？肿块是否有变化？灼痛感什么时候消失？最好尽快采取措施，防止毒素继续蔓延。例如，用胶带把绒毛粘掉。将胶带粘到被刺的皮肤上，小心按压，然后一把扯掉。胶带会粘下来许多绒毛。你也可以把刺痛的皮肤放在冷水下，这样既能冷却也能清洗伤处。然后让皮肤在空气中自然晾干，以免继续刺激皮肤。注意不要用嘴巴碰到患处，以免扎到嘴唇。

挑战指数评级：

身体

任务： 怎样才能长时间待在水下？

材料： 装满水的浴缸、水槽或水盆，带秒针的表

相关链接： 32-33，34-35

为什么危险?

把头埋在水里意味着你不能呼吸。如果你不能及时从水里出来，会很危险。

我需要知道些什么？

身体需要空气中的氧气来维持心脏和大脑等器官的活动。因为身体无法储存氧气，所以必须不断地吸入氧气。幸运的是你不需要提醒身体这样做。这是一种反射行为，也就是说，身体会自动吸氧。

我应该怎样做?

因为呼吸是一种反射行为，所以长时间屏气是很困难的。但是如果把嘴和鼻子浸在水里，例如浴缸里，你屏气的时间会比在空气中更长。这是因为水一直在提醒你，现在不能吸气。如果你试着呼吸，就会严重呛水。只有当你实在不能坚持的时候才能从水里抬起头，深深吸气。不断练习，直到你能在水下屏气停留 60 秒，也就是一分钟。

为什么重要?

潜水的时间越长，你就越觉得放松，在水中的感觉就越自在。例如，当你在海里遇上大浪，或者朋友开玩笑把你按进游泳池里时，你也不会太过慌乱。如果你受过屏气训练，就可以从朋友手里逃脱，潜水游走，然后在另一个地方冒出头来。

以前我很讨厌潜水。但现在，我和姐姐在洗澡的时候会互相掐时间屏气玩。有趣的是，有时我可以屏气很久，而有时则较短。

——芬，8岁

挑战指数评级：

勇气

在学校里，我不太喜欢举手发言。但现在我找到了一个办法，就是大声朗读家庭作业。这使我变得自信了。

——里奥，9岁

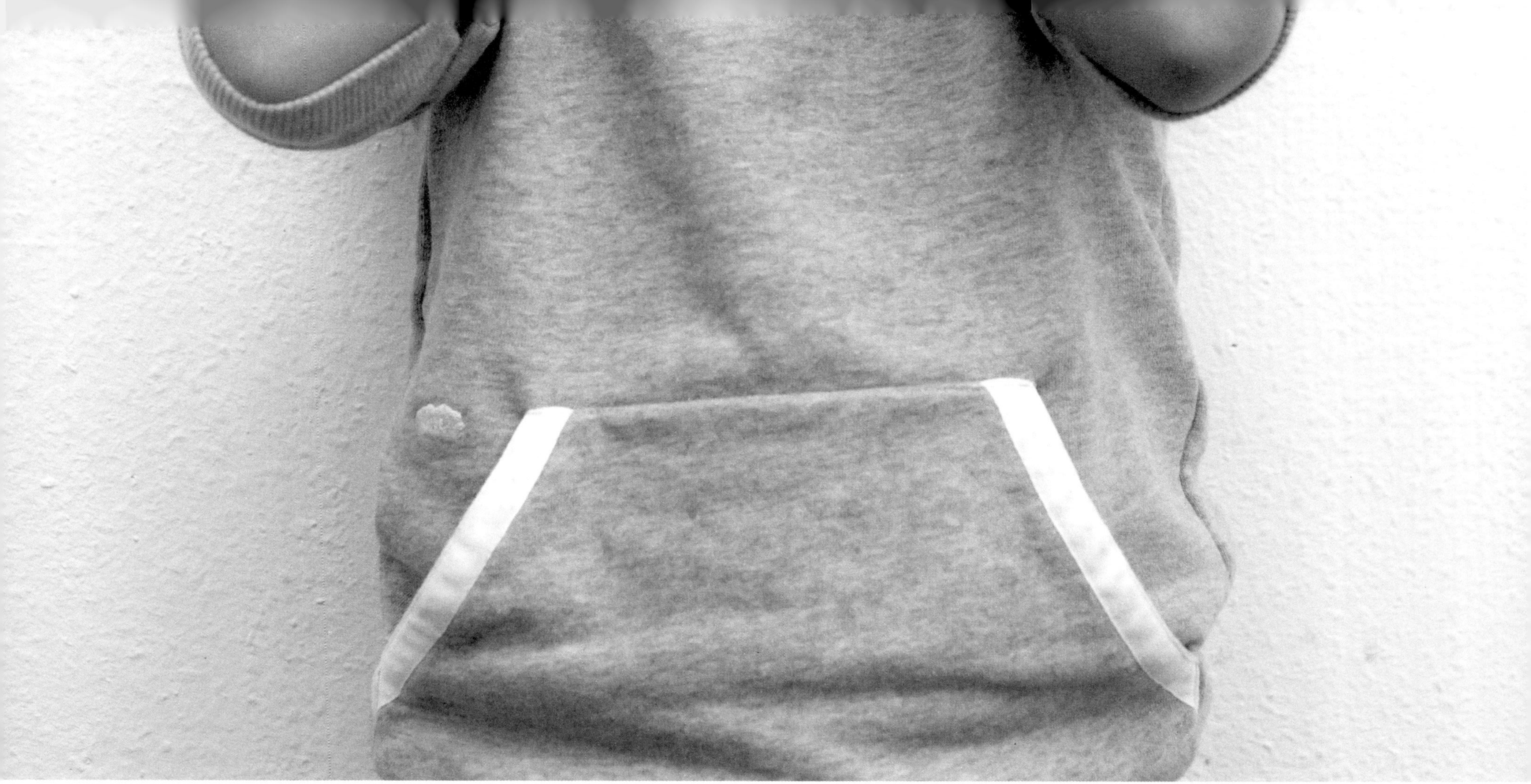

勇气

任务：怎样当众发言？

相关链接：92-93，138-139，142-143，144-145

为什么危险？

当众发言需要勇气。你要冒着犯错、被别人嘲笑的风险克服怯场心理。

我需要知道些什么？

怯场之所以可怕，是因为这时你的身体会出现不受控制的反应，双手变得汗津津的，心跳加快，嘴里发干。即使已经跑过五次卫生间，却还是想去。这些都是由一种叫肾上腺素的激素造成的。在危急情况下，它会从大脑进入血液，把你的身体调整到随时可以逃跑或战斗的状态。对石器时代的人类来说，这关乎生死存亡。例如，当茂密的草丛中突然冲出一头野兽时，人的肠子和膀胱会自动排空，以便在逃跑时丢弃多余的重物，减轻承重；你的瞳孔也会放大，出现“视觉窄化”现象，目的是使你锁定最近的一棵可以爬上去避难的树。如今这些技能几乎没有意义了，但这种身体机制保留了下来，几乎人人都会怯场。

我倒是不怎么害羞。不过我们班里有些人，从来没有主动发过言。

我知道这种感觉。以前无论说些什么，我总是会想，别人一定觉得我很差劲。不过现在我会想：“就算这样，也没有关系。”

我也这么想。我并不在乎其他人怎么看我。

上次演讲的时候我还特别紧张呢。但别人告诉我，他们都没感觉到我很紧张。

当你特别紧张的时候，有一招很管用。你只需要说：“我真的很紧张。”然后你就会莫名其妙的觉得不紧张了。

怎样应对怯场？

你需要明白一点，最有效的应对办法就是，无论演讲、报告或在舞台上的演出有多糟糕，都要拿出无所谓的态度，你会挺过来的。你的身体只是做出了过度反应，原谅它，帮助它摆脱多余的肾上腺素，最好的方式就是运动。上下跑跑楼梯，蹦蹦跳跳几下或者到户外跑一小段，每次运动都能让你好受一些。

还有呢？

如果你特别紧张，可以一边呼气一边有意识地从一数到四。这会让你平静下来，因为身体在紧张激动时会忘记呼气。因此你最好能提醒一下身体：呼气……一、二、三、四！

再来一次：呼气……一、二、三、四！

阿莱娜，12岁　　艾伦，10岁

挑战指数评级：

任务：怎样向他人说出自己的想法？

相关链接：90-91，92-93，136-137，142-143，144-145

勇气

为什么危险？

这有可能会引发激烈的争吵。而很多人不喜欢争吵。

我需要知道些什么？

在人际交往中，总会出现令人不快又必须进行讨论的话题。因此如何尽可能巧妙地处理这些事情是非常值得学习的。

最好别说什么？

你是否有过这样的感受？比如，哥哥一直大声放音乐，同学一次又一次地向你借东西却总是不还……你一直没说什么，但有一天你会突然特别生气，甚至大喊："你放的音乐太大声了！"或者"你从来都不还我东西！"当然，这样做对方能马上知道你的想法，但这种情况下，对方很难与你冷静地对话。相反，他还可能因为太过尴尬，而立即否认一切，或者反唇相讥来为自己辩护。最后，双方就会彼此讨厌，谁也没有任何收获。

我不喜欢争吵，如果有人妨碍到我，我宁愿什么都不说。

但争论是很重要的。如果你有不同的意见，那就不能逆来顺受。

没错。但我就是不喜欢大吼大叫。

但你会错过很重要的东西。通常争论过后人们会更加理解彼此。

如果不是这样呢？如果对方特别生我的气，再也不和我说话了呢？或者对我说特别不好的话呢？

如果因为争论而发生这样的事，你还可以跟其他朋友或者爸爸妈妈谈谈。让他们给你一些建议，也许他们会帮助你们和解。

怎样才能做出改变？

如果你想要有所改变，那么明智之举是勇敢地说出自己的感受，而不是攻击别人。用平静的、引导性的语言开始对话，可能会有所帮助。例如，你可以说：“哥哥，你的音乐声太大了，我实在是没有办法集中注意力。”或者“我的笔和削笔刀还在你那里。如果你能把这些东西还给我，我会很高兴的。”这样对方不会立即感到尴尬，甚至可能会给你友好的答复。这个办法有成功的可能性，但不一定每次都能行，不过值得一试。

如果这样没有用，你当然可以生气。如果你觉得自己要爆炸了，那么，深呼吸，控制一下自己。因为现在你们可能非常生气，任何行动都可能会激怒彼此。转移一下注意力，否则争吵的想法将愈演愈烈。过一会儿，当你感觉没那么生气了，这时才是重新开始对话的好时机。

你以前这样做过吗？

有。我奶奶有一个好办法。她建议我的爸爸妈妈在我和妹妹吵架时，不要管我们。因为他们的介入总是让事情变得更糟。

尼克拉斯，11岁

玛丽，13岁

挑战指数评级：

任务： 怎样向他人讲述自己的糗事？

相关链接：92-93，142-143，144-145

勇气

为什么危险？

通常情况下，当发生一些极其尴尬的事情时，嘲笑也会随之而来。你会祈祷面前出现一个地洞，能让你闪电般地钻进去，消失在洞里。

我需要知道些什么？

羞愧感总是让人不悦，但它有一个好处，就是能帮助人们找到自己的位置。因为无论在家里还是朋友之间，抑或是班级里或运动社团里，每个人应该做的事都不一样。因此每种行为尴尬的程度也不一样。你在自己家里，穿着内衣走来走去完全没有问题。但你不可能看到大街上有人这样做。当人们了解并遵守规则时，群体中的所有人都会觉得舒适。就像超速驾驶会被高速摄像机抓拍一样，嘲笑也会紧随犯错而来。这是对你违背群体意识的一种警告。然而，总是被羞愧感包围的人容易自我压抑。很多时候我们需要做出一些与群体意识截然不同的事，以此来排除掉自己心中的胆怯和焦虑。

你经历过最尴尬的事是什么？

实话实说吗？有一天早上我急急忙忙穿好衣服去赶校车。当我到学校下车后，我的同班同学说："嘿，你裤子下面挂着东西呢。"我把它扯出来才发现是我的裤袜，我都没有注意到它在我的裤子里。

哈哈哈！！！！

你还笑！这太尴尬了，因为我没办法把它塞回去，只能把它全扯出来。我感觉它足足有 15 米长。我身边所有人都看到了。太糗了！

你从来都没有跟人说过吗？

当然，但这件事已经不会给我带来伤害了。现在想起，我也觉得真是太搞笑了。不过也有一个好处，从那之后我就不太容易感到尴尬了。

我应该怎样做?

每个人都经历过这样那样的糗事。比如：曾经忘了拉上裤子拉链；脚底粘了一条一米长的卫生纸；有三米外逆风都能闻到的口气；在大家都安静的时候放了个响屁。坦白说，上一次你羞愧到想找个洞钻进去是什么时候？你遇到过最尴尬的事是什么？如果你想到一些事情，那就把它说给你的朋友听吧。如果你问为什么要这么做，那是因为大家聚在一起为过去的糗事哈哈大笑，是一件再美好不过的事了。这样做会让你一身轻松，还能让你明白“一切都太疯狂了！这一次没把我怎么样，同样的事我也处理得了！”当你承认自己弱点的时候，真正的好朋友只会更喜欢你。

我最尴尬的时刻是，有一次学校汇演，我演一个魔术师，结果却把魔法杖忘在了后台。我觉得自己死定了，幸好我的朋友救了我。她把魔法杖拿给我，并且对所有观众说，让你们认识一个伟大的魔术师，她甚至可以用魔法召唤她的魔法杖。

我从姐姐那里学到了一个快速化解尴尬的技巧。其实就是大喊：“这太尴尬了！”所有人都会哈哈大笑。效果超棒！

莉莉，10岁

宝琳，12岁

挑战指数评级：

相关链接: 90-91，92-93，136-137，138-139，140-141，144-145

勇气

为什么危险?

当你揭穿了一个糟糕的谎言，你会收获真实，可有时也会失去某些东西。比如，友谊。

我需要知道些什么?

学会撒谎也是长大的一部分。美国的研究者发现，一个四岁的孩子大约每两小时就会撒一个谎。而六岁的孩子甚至每一个半小时就会撒一个谎。这种谎言的背后首先反应的是一种积极的成长。因为能够撒谎，说明已经学会设身处地，用他人的视角看事情。否则别人是不会相信他的话的！为了撒好一个谎，还必须掌握很多事情：能考虑到他人已经知晓的事实，同时预见谎言以后可能会被揭穿。几乎没人能编造出完美的谎言。如果你仔细观察并倾听，大多数谎言都可以迅速被揭穿。

我不想和骗子有什么关系。例如，我有一个朋友好几次爽约，说是要做家庭作业，结果被我撞见他和另一个朋友在运动场上玩。太气人了！我再也不想和他做朋友了。

但如果他直接说更想和另一个朋友见面而不是你，你可能会很失望。

没错，真相可能会让人生气，但我还是觉得被骗更让人讨厌。我讨厌没有勇气说出真相的人。当我发现一个人一直在说谎的时候，我就再也不想跟他有任何联系了。

人人都会说谎。例如，有超级尴尬的事，我不想讲，于是说了谎。但为了不让第一个谎言败露，我就不得不一直说谎。

但是你不会骗我的，对吗？

怎样识破谎言？

你怀疑某人在骗你吗？那就注意观察他的眼睛。一个熟练的骗子在给你讲故事时会紧紧盯着你的眼睛。因为这时他不必唤起回忆，而是即兴编造故事。相反，如果要回忆真实的事件，人会不由自主地往上看。这种眼球运动是下意识进行的，因为这会触发大脑中的记忆。

如果你怀疑某个人撒谎，你可以向他提一些问题，例如：那件 T 恤是什么颜色？房子里有什么味道？当时在吃什么东西？味道怎么样？撒谎者必须随机应变地编造，这样他的回答就会很勉强。你在写作文的时候一定也有过这样的体验，为了让编造的故事生动逼真，你必须冥思苦想。相反，如果你在写一次真实的经历，你会发现有许多可以讲的细节。如果你不相信某人讲的故事，就让他从尾到头反过来再讲一遍。如果他说的是真话，倒叙对他毫无问题。但骗子就会遇到大麻烦。

当然不会，我最多就是编故事蒙你。你也是这样对我的。
我也觉得说一些不着调的疯话很好玩，很像愚人节。但事后必须马上说清楚，这些都是编出来的。

露谢，18岁

利安德，8岁

挑战指数评级：

勇气

任务：怎样说出真相？

相关链接：90-91，92-93，136-137，138-139，140-141，142-143

为什么危险？

不管是坦白生物考试不及格，还是招认自己就是用球撞破窗玻璃的罪魁祸首，这些真相都会招致怒火，有时候甚至是非常大的怒火。

我需要知道些什么？

说出真相之所以困难，原因有很多。比如说，为了逃脱惩罚，为了维护朋友，有时候甚至只是为了避免自己或者别人尴尬。

我该怎样做？

有些真相，我们已经拖了很久，却还是不愿意说破。当你觉得已经不堪重负，那就索性说出来吧！你可以使用一个简单的技巧：先说结论，再去解释。结论说出口，解释就很容易了，至少不会那么难。试试吧！

总是说真话，真的很难。但也很令人兴奋！

没错。今天有一个朋友问我她的新发型怎么样。很可惜，不怎么样。我花了很长时间才组织好答案。怎样才能把真相包装得不那么伤人呢？说真话有时候比说谎要难得多。

这种时候我总是说："还行！"比如，如果有人问我："好吃吗？"

可我觉得事情总没那么简单。比如跟爸妈谈话，有时候我退一步，说我想静静。他们肯定就会问我为什么。如果我说实话，就会说："因为我也想自己做一些事情，不要你们管。"但这样听起来就太任性了，我并不是那个意思。

也可以试着用友好的方式说真话。有一次我奶奶想送给我一件，样子还行的T恤。她在店里给我看了，我立刻就说："我觉得这件不太适合我，不过我觉得旁边那一件很好看！"我奶奶很满意，我也避免了说谎。

还可以做什么？

为了让说真话变得更容易，你可以跟父母商量，为你营造一个更大的私人空间。你们一起商量，哪些领域的事情应该成为你的隐私，哪些不能。比如关于朋友的事算是什么？交作业的时间、成绩还有班级作业的期限呢？你们打算怎样处理你与朋友之间的电话和聊天？你的房间呢？

好主意！要有自信！

尼尔斯，10岁

没错！先缓一下，然后说出真话。其实没那么糟。

诺埃米，14岁

挑战指数评级：

急救知识

碎片扎脚？肩膀碰伤？昆虫叮咬？
接下来你可以学到，
在紧急情况下应该如何

操作。因为自救以及救助他人的方法，无论老幼都应该学会。这是每个人都必须掌握的重要技能。

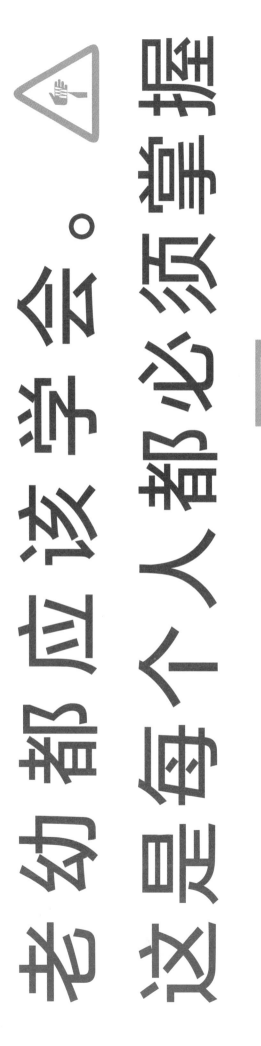

急救知识
从头到脚

肿块

最好迅速用冰袋冷敷。在冷敷的时候，应该注意：在冰袋和皮肤之间垫上一块薄布，以防冻伤。除此之外，每次只冷敷 10 分钟，间隔 10 分钟后继续冷敷10 分钟，然后再隔10 分钟。

晒伤

重要的是冷敷，最好使用冰袋。

流鼻血

先坐下。捏住鼻翼 5 分钟。1 小时内不能过度劳累。

磕破嘴唇

用湿毛巾冷敷嘴唇。牙齿也松动了？快去找牙医！

磕掉牙齿

可以把牙齿泡在经过超高温灭菌的纯牛奶或生理盐水中，或者用保鲜膜包裹，然后立刻带去看牙医。

蜱虫叮咬

去过树林里或者草坪上之后，一定要检查全身，看看有没有蜱虫附着在身上。记住，如果感觉哪里痒，不要挠，先看一看，因为有可能是蜱虫。把虫子拿掉之后，仔细看看被叮咬的位置，如果出现红圈，一定要去看医生。

吞入异物

让患者上身向前倾，并咳嗽。然后用手在患者后心拍打。

气喘

当人过于害怕的时候，有时会出现呼吸过快的情况，这被称为过度换气。你感觉很难受，但这其实并不严重。腹式呼吸有助于减缓症状。把双手贴在肚脐下方两厘米处，深吸气，想象气息慢慢向下流向手掌。再让气息从此处上升，然后呼气。重复几分钟，直到呼吸渐渐平稳。最好每天都练习一下，这样一旦紧急情况发生，你就知道该怎么做了。

急救知识

撕裂伤

如果手边有包扎器材，先用消过毒的纱布盖住伤口，然后用绷带缠绕包裹。也可以用 T 恤衫包裹伤口。然后马上去看医生。

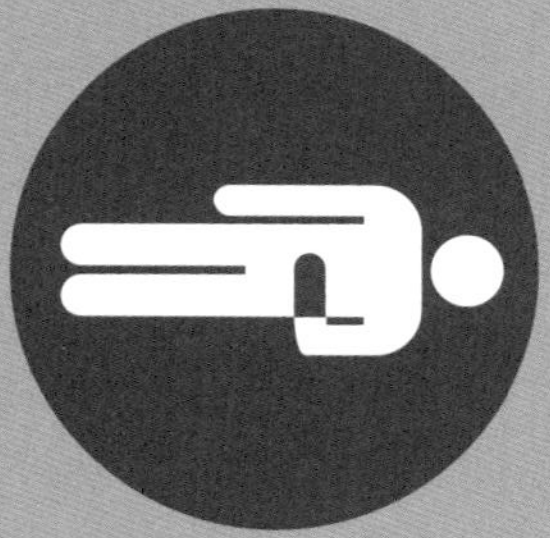

复苏体位

当有人昏迷或者休克的时候，应该把他调整成侧卧的姿势。朝哪一边不要紧，都比仰卧安全。用外套或者被子为患者保温，接着呼叫急救。

擦伤

用流动的水冲洗伤口上的污物。小心地用软布擦干伤口周围的皮肤，再把创可贴贴在伤口上。如果伤在手肘处，那你需要使用一点儿小技巧：把创可贴的四边剪开一点儿。这样它就可以妥帖地贴在手肘上了，在你伸屈手臂时也不会脱落。

切割伤

用流动的水冲洗伤口上的污物。小心地用软布擦干伤口周围的皮肤，再把创可贴贴在伤口上。

恶心

新鲜空气和舒适的衣物有助于缓解恶心感。你可以把裤子纽扣解开，然后深呼吸，直到感觉好一些。

挤压伤

不管是被抽屉夹了手指还是被锤子砸到了大拇指都是非常疼的。迅速把伤处放到冷水下消肿止痛。如果挤压伤非常严重乃至破皮，则必须由医生处理。

烧烫伤

立刻把伤处放到流动的冷水下，但水不宜太冷。如果手边有烫伤膏，就抹上。起水疱了怎么办？去找医生。

急救知识

蜜蜂叮咬

用镊子将刺拔出，用冰或者冷敷贴冷敷。另外，切开一颗生洋葱，在蜜蜂叮咬处摩擦几分钟。洋葱的汁液可以消肿。口腔内侧被叮咬？去找医生。

拨打急救电话

120

→发生地点是哪里？
→发生了什么？
→有几名伤者 / 患者？
→是什么伤 / 病？
→等待对方提问！

骨折

骨折会引起剧烈疼痛，伤处对触摸非常敏感。不要移动受伤的部位，冷敷伤处并固定(比如，腿部骨折时用枕头铺垫，手臂骨折时用三角巾包扎)。用消过毒的纱布或者T恤衫覆盖伤口。手臂、手部骨折应立即前往医院就诊，其他部位骨折则应该拨打急救电话。

碎片划伤

用镊子把小碎片挑出来。如果有大块碎片，且扎得很深，用干净的布或者消过毒的绷带包好，然后去找医生。

挫伤

挫伤是一种由于击打或碰撞引起的出血伤。最好尽快冷敷伤处，然后将受伤部位抬高。

扭伤

踢足球的人对这种伤不会陌生，跑着跑着，突然脚下一崴“哎呀！”千万不要咬紧牙关强忍着继续奋战。更好的解决办法是：保持脚关节不动，用冷敷冰袋消肿止痛，再用绷带包扎脚踝，然后抬高。

起水疱

用薄绷带或者胶布轻轻盖住水疱。不要再让起水疱的脚负担太重，否则就用没有软垫的密实胶布贴住水疱，然后穿上两层薄袜子。这样可以固定水疱，同时减少摩擦。

致谢 我们衷心感谢谁？

- 当然是所有大大小小的冒险家、奇思妙想家，以及世界探索家们！你们给予了我们帮助。没有你们，就没有我们的成功！
- 还要感谢比阿特丽斯·沃利斯，玛西娅·德里希对细节倾注的情感。感谢佩特拉·阿尔伯斯的勇气。
- 非常非常感谢塞克拉·埃林和妮娜·波普提供的美丽插画。
- 感谢我们的父母、祖父母、孩子们和伙伴们，他们义无反顾地支持我们，并为了我们无数次参与冒险！

谁，做了什么？

插画设计：格西尼·格罗特里安

文字撰写：安克·M. 莱茨根

摄　　影：安克·M. 莱茨根和格西尼·格罗特里安拍摄了第 44-45、70-71、112-113、114-115、128-129 页的图片，“在路上”章节页图片由塞克拉·埃林拍摄，第 18-19 页的图片由妮娜·波普拍摄。

协作与实验：安妮·拉克穆斯

搜索调查：安克·M. 莱茨根、安妮·拉克穆斯、斯蒂芬·迈耶

美术设计：蒂恩·布劳尔

安克·M.莱茨根和格西尼·格罗特里安是我们的Tinkerbrian*。

*Tinkerbrain是英文，tinker的意思是：自己动手做东西；brain的意思是大脑或者聪明头脑。

图书在版编目（CIP）数据

砰！勇敢者的冒险书 /（德）安克·M. 莱茨根，（德）格西尼·格罗特里安著；庄园译 . —昆明：晨光出版社，2020.10

ISBN 978-7-5715-0583-7

Ⅰ. ①砰… Ⅱ. ①安… ②格… ③庄… Ⅲ. ①安全教育－少儿读物 Ⅳ. ① X956-49

中国版本图书馆 CIP 数据核字（2020）第 047911 号

砰！勇敢者的冒险书

出 版 人 吉 彤

作　　者〔德〕安克·M. 莱茨根
〔德〕格西尼·格罗特里安
翻　　译 庄 园
项目策划 禹田文化

版权编辑 张静怡
项目编辑 徐君慧　张 玥
责任编辑 李 政　常颖雯　韩建凤
装帧设计 惠 伟

出　　版 云南出版集团 晨光出版社
地　　址 昆明市环城西路609号新闻出版大楼
邮　　编 650034
发行电话（010）88356856 88356858
印　　刷 北京尚唐印刷包装有限公司
经　　销 各地新华书店
版　　次 2020年10月第1版
印　　次 2020年10月第1次印刷
I S B N 978-7-5715-0583-7
开　　本 190mm × 277mm 16开
印　　张 10
字　　数 84千字
定　　价 68.00元

退换声明：若有印刷质量问题，请及时和销售部门（010-88356856）联系退换。

当心有犬

急救点

禁止用水灭火

当心腐蚀

当心滑跌

小心蜂群

必须穿救生衣

必须洗手

应急电话

小心绊倒

水上救援

必须戴防护眼镜

紧急出口向左

必须穿防护鞋

当心跌落

当心伤手

必须穿防护服

自行车道

必须扎起头发

紧急爬出

必须拔出插头

当心火灾

必须戴防护面具

当心台阶

禁止攀登

禁止丢弃

包扎用品

小心站台间隙

禁止踩踏

索道